实验室管理工作
研究与探索

主　编　毕卫民

副主编　陈　彦　刘慧明　梅　芸

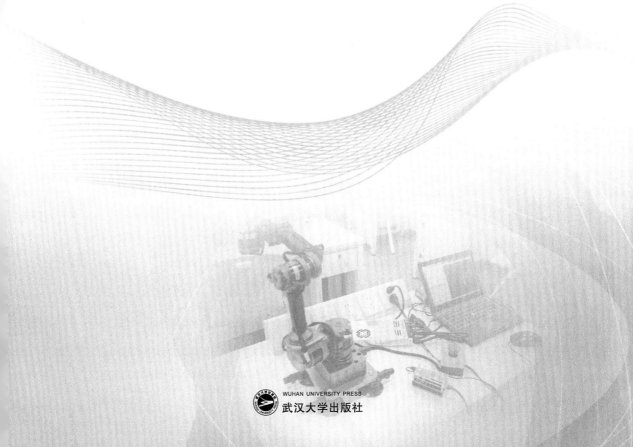

武汉大学出版社

图书在版编目(CIP)数据

实验室管理工作研究与探索/毕卫民主编. —武汉：武汉大学出版社，
2024.6

ISBN 978-7-307-24399-6

Ⅰ.实…　Ⅱ.毕…　Ⅲ.实验室管理—文集　Ⅳ.G311-53

中国国家版本馆 CIP 数据核字(2024)第 100641 号

责任编辑:李　玚　　　责任校对:鄢春梅　　　版式设计:韩闻锦

出版发行：**武汉大学出版社**　（430072　武昌　珞珈山）
（电子邮箱：cbs22@ whu.edu.cn　网址：www.wdp.com.cn）
印刷：武汉邮科印务有限公司
开本：787×1092　1/16　印张:14.5　字数:314 千字　插页:1
版次:2024 年 6 月第 1 版　　2024 年 6 月第 1 次印刷
ISBN 978-7-307-24399-6　　定价:69.00 元

目　录

实验教学改革

实验室建设

实验室安全

仪器设备管理

实验教学改革

新工科背景下智能变电站继电保护实验教学改革

司马莉萍　龚庆武　杨　军　乔　卉　丁　涛

摘要：依照新工科建设要求，紧跟电力行业发展新需求新动态，及时对继电保护实验教学进行改革探索。通过校企合作，加强硬件设施建设；利用虚拟现实、数值仿真等技术，开发了"特高压变电站继电保护设计虚拟仿真实验"平台；重新设计实验内容，并增设具有创新性和综合设计性质的实验；采用虚实结合、线上线下混合的实验教学模式，构建了多元化的全过程评价机制。通过不断探索实践，继电保护实验教学逐步实现了从传统模式向"新工科"教育的转型。

关键词：新工科；智能变电站；继电保护；实验教学

一、引言

教育部 2017 年启动了以"新理念、新要求、新途径"[1]为内涵的新工科建设，短期内形成了新工科建设的"复旦共识[2]""天大行动[3]"和"北京指南[4]"。几年来，各大高校全力探索工程教育新模式、开展新工科研究与实践项目，积累本土化经验、助力高等教育强国建设[5]。"新工科"建设目标是适应新形势下国家战略发展与需求，培养实践能力强、创新能力强、具备国际竞争力的高素质复合型人才[6]。实验教学的改革创新，是新工科建设和人才培育中的重要环节[7][8]。

继电保护实验作为电气工程专业高年级的必修实验课程，在培养学生工程实践、应用创新等综合能力方面起着重要作用，是本科实验教学的重要组成部分。当前我国电力行业迅速发展，特高压交直流输电日趋成熟，变电站智能化程度不断提高，电气设备日趋数字化网络化。依照新工科建设要求，紧跟行业发展新需求新动态，及时对继电保护实验教学进行改革具有重要意义。

我校继电保护实验课程立足当下、瞄准未来、主动变革，紧紧围绕新工科建设"育人育才"目标，针对实验资源不足、教学模式单一、实验内容欠缺、考核机制不合理[9][10]等

作者简介：司马莉萍，博士，工程师，从事电力系统继电保护本科实验教学与管理工作。

龚庆武，博士，教授，博士生导师，电气与自动化学院创新与实验教学中心主任，从事电力系统继电保护与控制研究，虚拟仿真实验教学。

问题进行改革，挖掘校企多方面资源，加强实验室建设，更新实验教学内容，探索多元化实验模式，构建有效评价机制，贯彻落实新工科实践理念。通过不断探索实践，我校继电保护实验教学逐步实现了从传统模式向"新工科"教育的转型。

二、教学资源的建设

(一) 硬件设施的建设

为满足实验教学需求，2018年我校联合南京南瑞继保公司，依靠中央改善基本办学条件专项经费，引进最新一代的继电保护装置及智能监控系统，构建了6套220kV智能保护站。每套智能站包含1个线路保护单元和1个变压器保护单元，与工作站、服务器共同构成典型的三层两网结构，如图1所示。设备配置清单如表1所示。其中PCS-931线路保护装置可完成光纤电流差动保护、距离保护、工频变化量阻抗保护、零序保护等实验项目，PCS-978变压器保护装置可实现差动平衡、二次谐波闭锁比率差动、三次谐波闭锁比率差动保护、差动速断保护、CT断线闭锁比率差动、变压器相间后备保护等实验项目。在有限的物质条件下，实验室最大限度地模拟实际现场工程，将继保行业最先进的成果与课堂理论相融合，使学生真正感受到智能变电站中继电保护的运行状态，以期达到在校实验与实际工程的一致。

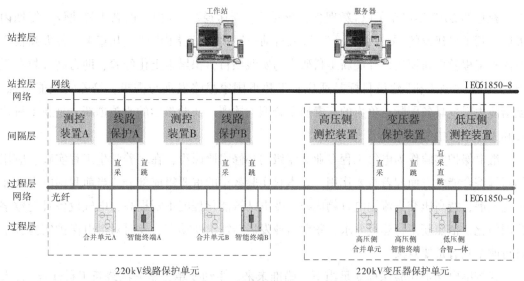

图1 实验室智能站三层两网结构图

(二) 软件资源的开发

自2009年我国第一条特高压交流工程投运以来，特高压输电以大容量、远距离、低损

表 1	设备配置表	
	智能组件柜	保护测控柜
220kV 线路保护单元	PCS-221 线路合并单元 A PCS-222B 线路智能终端 A PCS-221 线路合并单元 B PCS-222B 线路智能终端 B	PCS-931 线路保护装置 A PCS-9705 线路测控装置 A PCS-931 线路保护装置 B PCS-9705 线路测控装置 B
220kV 变压器保护单元	PCS-221 高压侧合并单元 PCS-222B 高压侧智能终端 PCS-222C 低压侧合智一体装置	PCS-978 变压器保护装置 PCS-9705 高压侧测控装置 PCS-9705 低压侧测控装置
其他设备	PCS-9882 过程层网络交换机、站控层以太网交换机 工作站、服务器、打印机 模拟断路器、模拟/数字继电保护综合测试仪等	

耗等优势而迅速发展。针对难以深入工程现场开展特高压继电保护的实践教学的难题，我校综合应用虚拟现实、三维建模、人机交互和数值仿真计算等技术手段，设计开发了"1000kV 特高压变电站继电保护设计虚拟仿真实验"。其工作原理是：根据典型特高压一次系统结构图，利用仿真计算软件构建模型，进行正常运行及故障情况下电压、电流与保护装置行为的数值仿真，模拟电网运行过程中的典型短路故障现象，根据保护阈值设定，生成保护动作报文和电网实时运行基础数据，存储于数据服务器。学生与虚拟仿真环境进行交互，通过设计保护装置整定值，观察和分析故障点的电压、电流变化情况和保护装置的动作情况，理解短路故障保护的基本原则，并利用 Web 服务器实现基于 B/S 结构的实验课程远程教学（系统网址：https://dqjdbhvr.whu.edu.cn）。图 2 为实验系统功能架构图，主要包括：仿真控制平台、一次系统仿真引擎、二次系统仿真引擎和三维仿真软件。仿真控制平台管理电力一次仿真模型、二次系统仿真模型和三维仿真模型之间的数据同步和联动交互。一次系统仿真引擎调用电力一次仿真模型进行计算，重现特高压变电站一次设备拓扑关系，实现电力系统潮流计算、短路计算及故障模拟等功能。二次系统仿真引擎调用二次仿真模型进行计算，实现特高压变电站线路保护、变压器保护、开关保护、远跳保护等二次设备及二次回路的数字仿真。三维仿真软件重现特高压变电站一次设备和二次设备的外形及功能的三维，真实模拟实际特高压变电站。

该实验将本科教学理论知识点和 1000kV 特高压变电站工程实际有机融合，将继电保护的设计过程可视化，使学生能不受时空限制开展继电实验，探索了继电保护实验开展的新方式，有助于培养学生自主设计及创新能力。目前该实验已被认定为"首批国家级虚拟仿真实验教学一流本科课程"。

图 2 系统功能架构图

三、实验内容的重塑

继电保护实验是电气工程专业必修的核心课程，课程设置 2 学分 48 学时。我校在实验教学资源更新重建的基础上，对实验内容进行了重新规划设计，主要包含五大部分 20 个实验项目。具体实验项目及学时安排见表 2。在实验项目的安排上遵循了以下几点原则：

（1）紧密结合理论知识，将教学重点融入实验项目中，循序渐进，设置认知性实验、验证性实验、创新性实验、综合设计性实验项目，实现从简单到复杂逐步深化学习的过程。

（2）与时俱进，紧跟电力系统继电保护技术的发展前沿，将行业的最新成果融入实验项目中，补充智能变电站、特高压变电站的相关实验内容，引导学生探索学科前沿，开展综合设计性实验，提升课程的高阶性和挑战度，培养学生分析和解决问题的综合能力。

（3）结合行业需求，开展学科交叉的创新性实验项目。当前的智能变电站通过网络共享电流、电压、开关量等信息。要求工作人员掌握计算机、网络通信技术，对以往常规二次回路的熟悉，转变为对 GOOSE、SV、MMS 网络组成的软报文、数据流的熟悉。课程及时引入全站 SCD 配置文件查看、抓包工具解析报文等实验项目，形成了独具特色的教学内容，培养了学生多学科知识融合能力。

表2   实验项目及学时安排

序号	实 验 项 目		实 验 类 型	学 时 数
1	实验设备及 仪器使用	智能变电站继电保护设备认知	认知性实验	1
2		继电保护测试仪的使用与保护单元的联接及加量	验证性实验	2
3	PCS931 线路 保护装置	光纤电流差动保护与重合闸	验证性实验	2
4		距离保护与重合闸	验证性实验	2
5		工频变化量阻抗保护	验证性实验	2
6		零序保护与零序反时限过流保护	验证性实验	2
7	PCS978 变压器 保护装置	稳态比率差动平衡实验	验证性实验	2
8		稳态比率差动系数求取实验	验证性实验	2
9		二次谐波闭锁比率差动试验	验证性实验	2
10	智能变电站 实验	智能变电站三层两网认知	认知性实验	1
11		使用数字测试仪查看全站 SCD 配置文件	创新性实验	2
12		使用 Ethereal 软件解析 MMS 典型报文	创新性实验	2
13		使用 Ethereal 软件解析 GOOSE 典型报文	创新性实验	2
14		使用 Ethereal 软件解析 SV 典型报文	创新性实验	2
15	1000kV 特高压 变电站	特高压变电站虚拟实验设备认知	认知性实验	2
16		特高压线路保护设计	综合设计性实验	4
17		特高压变压器保护设计	综合设计性实验	4
18		断路器保护设计	综合设计性实验	4
19		母线保护设计	综合设计性实验	4
20		高压电抗器保护设计	综合设计性实验	4
			合计	48

四、实验模式的创新

本着以学生为中心、以能力培养为核心的理念，课程采用虚实结合线上线下混合式实验模式，如图 3 所示。实验过程遵循"虚实结合、先实后虚、以实促虚、以虚扩实"的原则开展教学活动。利用实验室的教学资源，学生先完成实体继电保护屏柜上的单一保护实验，再开展 1000kV 特高压变电站继电保护设计虚拟仿真实验。同时充分利用现代信息工具，进行多轮次的"线上-线下-线上"的师生互动，提高学习效果，实现混合式教学。

实验室的线下实验采用指导式、验证式、实操式的方式，完成实验项目的前 14 项，每项实验遵循"课前预习-课中实操-课后总结"的流程。在课前环节，教师在课程群发布教

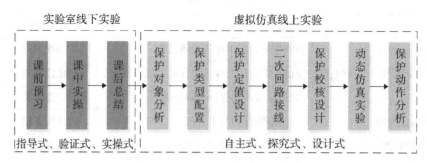

图3　虚实结合线上线下混合式实验模式

学资料，学生自学提交预习报告；在课中环节，教师集中讲解预习中的问题，示范实验操作要点，学生实际操作实验，老师巡场检查指导，随后学生当堂提交实验记录，老师批阅实验结果及时反馈纠正；在课后环节，学生分析实验结果，深入思考总结，完成实验报告提交，老师批阅公布成绩。每个环节都有学生主动参与实际操作，教师指导给出意见，形成良好的教学闭环反馈，保证了实验效果，为后期自主设计性综合实验打下了坚实的基础。

　　线上实验基于"1000kV特高压变电站继电保护设计虚拟仿真实验"平台，采用自主式、探究式的方式完成综合设计性实验，每项实验遵循"保护对象分析-保护类型配置-保护定值设计-二次回接线-保护校核设计-动模仿真实验-保护动作分析"的流程。以特高压线路保护设计为例，在保护对象分析环节，查看变电站电气主接线和输电线路关联开关，记录关键参数，掌握保护配置和设计的基本条件；在保护类型配置环节，根据特高压线路对继电保护的要求，确定线路主保护和后备保护类型；在保护定值设计环节，考虑保护的关联性，设计各类保护的定值，根据系统实时反馈的保护时限特性图和发电机功角摇摆曲线图等指导性提示进行调整；在二次回路接线环节，根据保护配置方案，连接线路保护二次回路，通过系统的动态反馈修正接线方案；在保护校核设计环节，设置线路故障地点、故障相别、故障类型，给出保护校核方案；在动模仿真实验环节，进行故障探究性实验，观察故障波形、保护开关动作信息；在保护动作分析环节，判断保护动作的正确性，分析保护配置和定值设计的合理性。线上实验不受时空、设备限制，为学生提供了更多的实验机会和资源，允许学生在实验中犯错、试错，培养学生在错误的探究中提升对理论知识的认识。实验中的多个自主设计和自由构建环节，通过人机交互给予实时反馈指导，实现以学生为中心的自主探究式学习，促进学生创新实践能力的培养。

五、评价机制的构建

　　为全面合理地评价学生的实验情况，本课程采用多元化的全过程考核方式。学生成绩由两大部分组成：实验室线下实验50%，虚拟仿真线上实验50%。实验的每个环节都有一定的占比，实现"全过程学习、全过程评价"。

实验室线下实验采用"课前预习10%+课中实验40%+课后总结30%+期末实操考试20%"的形式。相较于以往的评定，强化学生全过程的管理，要求学生认真参与实验的每个环节。同时，强调实验操作能力考查，期末实操考试采用随机抽取一套考题，非小组形式的一对一的现场限时操作，主要考核实验仪器设备的规范使用，实验结果的正确性，实验调试、故障排除的能力。这种考试方式激发了学生的积极性，提高了学生实际分析解决复杂问题的能力，显著提高了教学效果，受到了同学们的一致好评。

虚拟仿真线上实验采用"保护对象分析3%+保护配置与定值设计47%+二次回接线20%+保护系统校核30%"的形式。实验系统内置量化考核评分细则，对实验结果进行自动评价，给出评分，自动生成实验报告。如图4所示为某学生线路保护设计方案的成绩清单，详细给出各个实验环节的得分情况。此外，系统对实验结果不设置统一的标准答案，随着每位学生个性化的设计方案，系统底层计算模型相应调整评判标准，给出合理科学的评价。同时，对于不满意成绩的同学，允许不限次数地重做实验，直至满意再提交。这种评分机制鼓励学生不断探索，开拓思维，增强了学生经过努力收获知识的成就感。

图4　某学生线路保护设计方案评价结果

六、结语

通过新工科背景下智能变电站继电保护实验教学探索，较好地解决了以往实验教学中存在的问题。紧跟行业新发展的实验项目、虚实结合的实验教学模式、丰富开放的实验平台资源、合理有效的考核机制，有效调动了学生实验的积极性，提高了教学质量，培养了学生的实践能力和创新能力，符合新工科建设的要求，为智能变电站继电保护实验教学的改革提供了借鉴。

◎ **参考文献**

[1]钟登华.新工科建设的内涵与行动[J].高等工程教育研究,2017(3):1-6.

[2]"新工科"建设复旦共识[J].复旦教育论坛,2017,15(2):27-28.

[3]"新工科"建设行动路线("天大行动")[J].高等工程教育研究,2017(2):24-25.

[4]新工科建设形成"北京指南"[J].教育发展研究,2017,37(Z1):82.

[5]吴岩.中国式现代化与高等教育改革创新发展[J].中国高教研究,2022(11):21-29.

[6]刘宝,陈鸿龙.面向新工科的研究生创新能力培养体系构建[J].实验室研究与探索,2021,40(3):199-202.

[7]高波,霍凯,陈羽,等.新工科背景下提升学生创新实践能力的探究[J].实验室研究与探索,2022,41(6):178-181.

[8]胡蔓,赵云龙,栾晓娜,等.新工科背景下工程训练实践教学模式探索[J].实验技术与管理,2022,39(3):256-259.

[9]牛印锁,王炳革.继电保护实验教学模式探索[J].电气电子教学学报,2020,42(5):147-150.

[10]陈磊,龚庆武,杨军.继电保护技术与运用课程建设的探究[J].高教学刊,2021,7(29):131-135.

薄层层析实验的改进

——基于"碳中和"目标的基础有机实验教学改革

齐　悦　龚林波　龚淑玲　熊　英

摘要：为推进"碳中和"目标下化学专业人才的培养，以薄层层析实验为例，探究用塑料平底离心管代替卧式展开槽的实验效果，并对新展开剂中两种溶剂的配比进行优化。实验结果表明新展开槽气密性好，操作方便、安全；实验设备投入少、实验成本低；溶剂毒性低、使用量小、展开时间短、分离效果好、实验效率高。改进后的实验有效地减少了有毒试剂排放，符合绿色低碳生活理念，值得在基础有机实验教学和科研实验室中推广。

关键词：碳中和；薄层层析；展开槽改进；展开剂优化；有机实验教学改革

一、前言

教育部在 2022 年 4 月印发的《加强碳达峰碳中和高等教育人才培养体系建设工作方案》中特别强调，高校要加强绿色低碳教育，加大"双碳"领域课程、教材等教学资源建设力度，推进"双碳"相关专业人才的高质量培养[1]。我们依据《高等学校碳中和科技创新行动计划》(教科信函〔2021〕30 号)，解读化学学科在碳中和创新能力提升行动的发展方向，以求寻找到有机化学实验教学与碳中和目标的切入点。有机化学实验课程所涉及的基本操作如蒸馏、萃取、重结晶、薄层层析(常用 TLC 表示)及柱层析等，都是学生必需熟练掌握的实验技能。其中，薄层层析由于灵敏度高(最低分离量可达 10^{-9} g)，在实验室操作简便、快速，不仅可用于监控有机反应进程，也可以用来鉴定产品纯度及迅速分离出少量纯净样品[2]。因此，对于基础实验教学及学生将来所从事的相关科研工作，薄层层析在有机化合物的合成、分离及鉴定等方面起着很重要的作用[3]。

本实验中心有机实验教学组选择以"偶氮苯和邻硝基苯胺的薄层分离和检测"作为初学者学习薄层层析的入门实验[4]，教学效果良好。这主要是由于偶氮苯和邻硝基苯胺极性和溶解度相差较大，同时这两种物质均为有色物质，展开时 2 个斑点的移动距离相差较大且

作者简介：齐悦，武汉大学化学与分子科学学院，助理实验师。
熊英，武汉大学化学与分子科学学院。

易于观察，便于学生实践和教师组织教学。

多年来，我们一直选用玻璃卧式展开槽来进行薄层层析实验，每个实验室(容纳学生22人)配备展开槽22个，仪器取用采取公用的方式。但是，我们在教学过程中发现，展开槽自带的玻璃盖经常存在密封不严的情况，并且公用仪器在使用几次以后，展开槽与玻璃盖不相匹配的情况还会增多，给实验教学管理带来不必要的麻烦。另外，由于展开槽密封不严，用混合溶剂作为展开剂时，易挥发溶剂在展开过程中挥发较多，使得展开剂组成和极性在展开过程中发生变化，计算出的比移值误差较大，影响实验结果的可靠性。同时，挥发的展开剂对学生健康及环境都有潜在危害，与绿色低碳的教学宗旨相违背。

基于上述玻璃展开槽的缺点，我们选用在高分子实验中常用的塑料刻度平底离心管来代替玻璃展开槽，从展开剂用量、溶剂损失及比移值分析等方面，对比两种展开槽的实验结果。并以此替换后的展开槽，对该实验中混合溶剂的选择及配比进行优化，实现碳减排的目标。且制定与此匹配的新教案，提升课程教学效果。通过此实验，训练学生的基础实验技能和创新思维，培养学生理论联系实际的能力，促进国家"双碳"建设目标下化学专业人才的培养。

二、实验部分

(一)试剂与仪器

薄层色谱板(硅胶板 GF254，2.5cm×7.5cm，乳山市太阳干燥剂有限公司)，玻璃点样毛细管(0.3cm×100mm，上海露敏工贸有限公司)、立式玻璃展开槽(3.5cm×3.5cm×9.0cm，迅特尔(南通)科学仪器有限公司)、卧式玻璃展开槽(8.0cm×5.5cm×3.5cm，奥淇科化医疗供应链管理服务(天津有限公司)、塑料刻度平底离心管(50mL，Φ2.7cm×11.0cm，聚丙烯材质，江苏新康医疗器械有限公司)、镊子、10mL 量筒、铅笔、直尺。

展开剂：石油醚(60~90℃，分析纯，上海国药集团化学试剂有限公司)，乙酸乙酯(分析纯，上海国药集团化学试剂有限公司)，1,2-二氯乙烷(分析纯，上海国药集团化学试剂有限公司)，环己烷(分析纯，上海国药集团化学试剂有限公司)。

标准样品：偶氮苯(97%，上海阿拉丁生化科技股份有限公司)，邻硝基苯胺(化学纯，上海国药集团化学试剂有限公司)的1,2-二氯乙烷溶液(浓度1%)。

(二)实验原理

薄层层析实验是将点有样点的薄板放入装有展开剂的展开槽中展开，展开剂靠毛细作用带着样点中各组分一起从下往上移动。移动过程中，各组分既被薄板上的吸附剂不断吸附，又被展开剂(流动相)不断溶解(解吸)。由于分子大小、极性及溶解度等的差异，会使得吸附剂对各组分的吸附能力及展开剂对各组分的溶解能力也存在差异，因此各组分随着流动相的爬升会拉开距离，形成高低不同的斑点。各组分所移动的距离用比移值（R_f值）表示，即：R_f＝斑点移动的距离／展开剂前沿移动的距离。每种化合物在一定条件下，都有自己特定的比移值，这是薄层层析在有机合成及分析中的理论依据。

（三）实验步骤

在距薄层板一端约1cm处用铅笔画一水平横线作为起始线。用平口毛细管在起始线上点样，依次为偶氮苯标样及邻硝基苯胺标样，样点直径应小于2mm，间距至少1cm。在展开槽中加入定量展开剂，盖上盖子放置片刻。将点好样的薄层板放入，使样点一端向下浸入溶剂，但不得浸及样点。盖上盖子观察展开情况。当展开剂前沿爬升至接近薄层板上端时取出，立即用铅笔标出前沿位置。使用过的展开剂为混合溶剂，不能重复使用，倒入量筒内量取剩余体积。

由于偶氮苯和邻硝基苯胺均有颜色，可直接用铅笔圈出有色样点。用直尺测量展开剂前沿及各样点中心到起始线的距离，计算各样点的R_f值。

三、结果与讨论

（一）平底离心管与卧式展开槽实验结果对比

考虑到商用塑料离心管有各种规格和型号可供选择，同时离心管带有旋塞，密封性能较好，我们选择了一种平底离心管作为展开槽（见图1）来进行比较实验，希望筛选出安全、经济、使用方便、更适于本科基础实验教学的层析仪器。实际上，平底离心管作为展开槽与实验室常用的另一种玻璃立式展开槽的作用类似，但是玻璃立式展开槽与卧式展开槽在实际使用时存在同样问题，因此本文只比较了离心管与卧式展开槽的实验效果，结果总结见表1。

图1　卧式展开槽（左），塑料刻度平底离心管（中），立式展开槽（右）

表1　　　　　　　偶氮苯和邻硝基苯胺的薄层层析（展开剂：$V_{1,2\text{-二氯乙烷}}$: $V_{\text{环己烷}}=1:1$）

展开槽	展开剂用量 /mL	展开时间 /min	L_0/cm	R_{f_1}	R_{f_2}	ΔR_f	展开剂 剩余量/mL	展开剂损 失量/mL
卧式	6.0	10	5.10	0.80	0.43	0.37	5.2	0.8
离心管	3.0	10	5.20	0.88	0.48	0.40	2.6	0.4

注：L_0：展开剂前沿移动的距离；R_{f_1}：偶氮苯标样的比移值；R_{f_2}：邻硝基苯胺标样的比移值；$\Delta R_f = R_{f_1} - R_{f_2}$。

从实验结果可以看出，一方面，在相同时间内，用平底离心管作为展开槽不仅展开剂用量少，而且展开剂损失也少，即挥发到空气中的溶剂减少，对学生的健康危害也有所降低。另一方面，在平底离心管中样点爬升的速度更快，即具有更大的比移值，同时比移值的差别也较大，这样更有利于混合样品中各组分的分离与鉴别。在两种展开槽中，展开剂的损失量以及比移值的差别除了与两种装置的气密性有关，还可能与两种展开槽的展开方式等因素有关。

平底离心管作为展开槽，除了具有上述两点优势，且塑料管体积小、价格便宜、不易损坏，使用方便可重复利用。塑料刻度平底离心管 0.9 元/个，而玻璃卧式展开槽 19 元/个。按照本实验组每年承担约 800 名本科生的实验教学来计算，即使每人配备一只平底离心管专用，费用也仅为 720 元，且几乎不存在仪器破损问题。因此，用平底离心管代替玻璃卧式展开槽作为薄层教学实验中的展开槽是经济可行的。

（二）偶氮苯和邻硝基苯胺薄层层析实验的展开剂优化

对于偶氮苯和邻硝基苯胺的薄层层析实验，在原教材中使用的是 1，2-二氯乙烷和环己烷的等体积混合物。其中由于 1，2-二氯乙烷的爆炸极限较宽、毒性较大（见表2），且为卤代烃，对实验室安全和学生的健康及环境潜在危害较大，因此考虑选用环境友好的乙酸乙酯和石油醚混合溶剂作为展开剂来进行薄层层析实验。

表2　　　　　　　　　　　四种溶剂的危害性对比

溶剂	爆炸极限	健康危害	危险特性	急性毒性： LD_{50}（大鼠经口）[5]
1，2-二氯乙烷	6.2% ~ 16.0%	对眼睛及呼吸道有刺激作用；吸入可引起肺水肿；抑制中枢神经系统、刺激胃肠道和引起肝、肾和肾上腺损害	易燃、高毒，为可疑致癌物，具刺激性，其蒸气与空气可形成爆炸性混合物，遇明火、高热能引起燃烧爆炸；与氧化剂接触发生反应，遇明火、高热易引起燃烧，并放出有毒气体	670mg/kg

溶剂	爆炸极限	健康危害	危险特性	急性毒性：LD$_{50}$(大鼠经口)[5]
环己烷	1.3%~8.4%	对眼和上呼吸道有轻度刺激作用； 持续吸入可引起头晕、恶心、嗜睡和其他一些麻醉症状； 液体污染皮肤可引起痒感	极度易燃，其蒸气与空气可形成爆炸性混合物，遇明火、高热极易燃烧爆炸； 与氧化剂接触发生强烈反应，甚至引起燃烧	12705mg/kg
石油醚60~90℃	—	其蒸气或雾对眼睛、黏膜和呼吸道有刺激性	极度易燃，其蒸气与空气可形成爆炸性混合物，遇明火、高热能引起燃烧爆炸； 燃烧时产生大量烟雾； 与氧化剂能发生强烈反应	—
乙酸乙酯	2.2%~11.5%	对眼、鼻、咽喉有刺激作用； 高浓度吸入可引进行性麻醉作用，急性肺水肿，肝、肾损害； 持续大量吸入，可致呼吸麻痹	易燃，其蒸气与空气可形成爆炸性混合物，遇明火、高热能引起燃烧爆炸； 与氧化剂接触猛烈反应	5620mg/kg

　　我们选用平底离心管作为展开槽，进一步试验了偶氮苯和邻硝基苯胺在不同比例混合的乙酸乙酯和石油醚中的展开情况，实验结果总结见表3。

表3　　偶氮苯和邻硝基苯胺在平底离心管中的薄层层析(展开剂：乙酸乙酯/石油醚)

乙酸乙酯/石油醚(3mL)	展开时间/min	L_0/cm	R_{f_1}	R_{f_2}	ΔR_f
1:1	8	5.90	0.97	0.84	0.13
1:3	8	5.85	0.92	0.48	0.44
1:4	8	6.00	0.91	0.47	0.44
1:5	8	6.05	0.89	0.43	0.46
1:10	8	5.85	0.85	0.23	0.62
1:13	10	5.20	0.88	0.48	0.40

　　注：对照组，展开剂为 $V_{1,2-二氯乙烷}$: $V_{环己烷}$ = 1:1(见表1)。

L_0：展开剂前沿移动的距离；R_{f_1}：偶氮苯标样的比移值；R_{f_2}：邻硝基苯胺标样的比移值；$\Delta R_f = R_{f_1} - R_{f_2}$。

　　从表3中可以开出，使用乙酸乙酯和石油醚作为展开剂时，当 $V_{乙酸乙酯}$: $V_{石油醚}$ = 1:3、1:4或1:5时，两个标样的比移值及比移值差值都与对照组相近，因此以上3种不同比例的混合溶剂都可以用来替代原薄层实验的展开剂。即便购买的不同批次的石油醚组分稍有差别，上述3种展开剂配比仍可保证比移值的稳定。另外，在平底离心管中，样品点在较短的时间内(8分钟)比移值差值更大，不仅更有利于不同组分的分离与鉴别，而且节约了实验时间。此外，聚丙烯材质的平底离心管在上述溶剂以及其他常见溶剂(如甲醇、乙醇及乙醚等)中长期使用均未发生溶胀变形,因此可多次重复使用。

根据新展开剂的优化结果,我们以 $V_{乙酸乙酯}:V_{石油醚}=1:5$ 的混合溶剂为例进一步比较了两种展开槽的薄层实验情况,结果总结见表4。由表中数据可以看出,在相同时间内,平底离心管相较于卧式展开槽,除了有样点区分度更大的优势,还有展开剂用量少,溶剂损失少的优势。

表4 偶氮苯和邻硝基苯胺的薄层层析(展开剂: $V_{乙酸乙酯}:V_{石油醚}=1:5$)

展开槽	展开剂用量/mL	展开时间/min	L_0/cm	R_{f_1}	R_{f_2}	ΔR_f	展开剂剩余量/mL	展开剂损失量
卧式	6.0	8	6.00	0.80	0.43	0.37	4.8	20%
离心管	3.0	8	6.05	0.89	0.43	0.46	2.7	10%

注: L_0:展开剂前沿移动的距离; R_{f_1}:偶氮苯标样的比移值; R_{f_2}:邻硝基苯胺标样的比移值; $\Delta R_f = R_{f_1} - R_{f_2}$。

另外,从实验仪器和试剂所消耗的费用来考虑,用平底离心管来进行本薄层层析实验更经济(见表5)。按每学年800名本科生做此薄层层析实验,每人需展开4块薄层色谱板来计算。改进后,仪器配备前期支出费用大大减少,用离心管还不足100元,且不存在展开槽损耗问题。同时溶剂耗费减少467元,比改进前节省溶剂费用62%。如果考虑把其他合成实验中需要用到薄层层析来监测反应进程和鉴定产物的纯度都考虑在内,每学年节约溶剂费用约1000元。此外,溶剂使用量减少,有机废液处理量及成本也大大降低,符合碳中和、碳减排的要求。

表5 两种展开槽用于实验费用比较(展开剂 $V_{乙酸乙酯}:V_{石油醚}=1:5$)①

展开槽	单价/元	总价/元	每学年损耗/元	展开剂费用②
卧式	19	2090[a]	380	748.8③
离心管	0.9	99[a]	/	281.6④

本实验室在实验教学中利用离心管作为展开槽已经使用了2个学年,不仅实验成本大大降低,实验管理、实验安全和实验结果的可靠性也得到了保证,实验教学效果良好,可

① 按5个实验室,每个实验室配备22套展开槽计算,仪器公用。
② 溶剂市售价(每500mL):1,2-二氯乙烷21元,环己烷18元,乙酸乙酯20.5元,石油醚(60~90℃)13.5元。
③ 展开剂: $V_{1,2-二氯乙烷}:V_{环己烷}=1:1$,800×4×6=19200mL。
④ 展开剂: $V_{乙酸乙酯}:V_{石油醚}=1:5$,800×4×3=9600mL。

在科研实验室推广。

四、结论

在薄层层析实验中，使用塑料平底离心管作为展开槽代替传统的玻璃卧式展开槽，不仅装置气密性好，操作方便、安全，而且溶剂使用量小、展开时间短，提高了实验效率。用乙酸乙酯和石油醚的混合溶剂作为新展开剂代替原展开剂，不仅大大降低了实验成本，而且能降低实验试剂潜在的健康危害，符合绿色化学的要求。本改进实验经过 2 年近 1600 名学生验证，教学效果良好，值得在基础有机实验教学和科研实验室推广。

◎ **参考文献**

[1]张楚虹，聂敏，刘新刚，等．双碳背景下《材料科学与工程选论》课程教学改革探讨[J]．高分子材料科学与工程，2022，38(6)：4.

[2]汪瑗，朱若华，陈惠．薄层色谱分析法及其进展[J]．大学化学，2006，21(3)：7.

[3]刘莹，关玲，徐烜峰，等．薄层色谱法鉴定 APC 药片组分的实验条件优化[J]．大学化学，2014(4)：4.

[4]武汉大学化学与分子科学学院实验中心．有机化学实验[M]．武汉：武汉大学出版社，2004.

[5]刘宁，沈明浩．食品毒理学[M]．北京：中国轻工业出版社，2005.

机器人技术在工程训练中的应用与探索

胡明宇

摘要：为培养社会和企业需要的高素质工程技术人才，引入最新的机器人技术，改革工程训练课程，针对不同学科因材施教、分层次教学，改革和完善了"工程认知教育-工程技能教育-综合实践教育-创新实践教育"四位一体的工程训练体系，扩展工科专业受益面，提高文科、理科专业的覆盖率；实行竞赛反哺教学，形成"实践课程-开放实验-竞赛培训"递进式创新实践教育体系，为高校工程人才、创新人才培养提供参考。

关键词：机器人技术；工程训练；创新实践教育

随着科学技术的迅速发展，现代工程所具有的科学性、实践性、社会性、创新性、复杂性等特征日益突出[1]，如何培养社会和企业需要的高素质工程技术人才是高校面临的新的课题。工程训练课程作为高校普及工程实践教育的公共基础课程，在高校人才培养体系中具有重要的地位，持续推动实验技术方法创新、深化工程训练课程改革，融入新技术、新工艺，使工程训练实践内容与社会发展、时代要求接轨，对启发和引导学生动手实践、积极创新，以及培养学生的工程素养、科学思维、创新能力和综合素质具有十分重要的意义。

一、工程训练改革需求

工程训练前身是"金工实习"，20世纪60年代，高等学校的工程类院系专业除相应的实验教学外，还要在校内进行金工实习训练、在校外进行企业认识生产实习[2]，以培养学生的工程素养和工程能力。随着"科教兴国"战略方针的实施，我国工程训练实践教学改革于20世界90年代起步[3]，工程实践教育迅速发展，但目前仍存在诸多问题，主要包括工程实践教育缺乏前瞻性，实践内容滞后于科技、企业的发展，人工智能、虚拟仿真等高新技术未及时在工程训练中推广；工程训练教学改革不够彻底，包括：部分工种技术落后、项目简单、工种间关联性低；实训设置偏重训练，缺乏创新性实验，不利于学生创新精神

作者简介：胡明宇，武汉大学大学生工程训练与创新实践中心，实验师。从事公共基础课程和实践教学研究与管理工作。主要研究领域：空间物理，机器人技术。

的培养；实训缺乏综合性实验，不利于培养学生的工程综合能力。因此，将机器人技术这一前沿科技、热门学科涉及的新技术融入工程训练课程，以学生的能力培养为核心目标，设置分层次、合理的实验内容，会提升工程训练课程先进性与前瞻性，进而培养与时代发展、社会发展相适应的工程人才。

二、机器人实验平台应用与开发

机器人技术是涉及控制工程、机械工程、生物工程、传感技术、电子电气工程和计算机科学等多个领域的高新技术[4]，与传统工程训练课程中机械、电子等部分相适配，并具有学科交叉融合性、复杂系统性等特点，特别适合用作工程训练课程改革的实验平台。

武汉大学大学生工程训练与创新实践中心将各类最新的机器人作为实验平台应用到课程中，包括仿人机器人 NAO、服务机器人 pepper、四足机器狗、水下机器人、无人机、四轮移动车等，开展实验、实训、实践活动。以仿人机器人 NAO 为例，该机器人平台系统由感知部分、决策部分和执行末端组成，如图 1 所示。感知部分主要包括红外传感器、超声传感器、触摸传感器、惯性传感器、位置传感器、压力传感器以及视觉、听觉系统，用于感知机器人自身状态与周围环境情况，并传输给决策部分。决策部分主要包括中央处理器、存储器、软件系统等，负责信息存储与高层语义处理，如推理、规划、学习等。执行末端主要包括声音系统、关节、LED、电机和齿轮等机械结构，用于执行机器人决策、完成人机交互等任务。

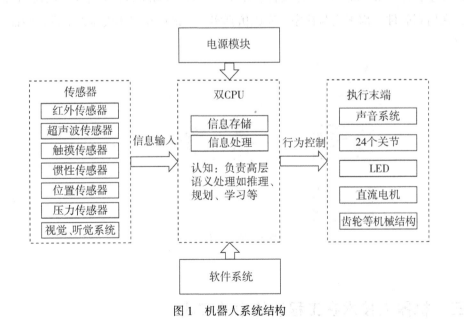

图 1　机器人系统结构

利用现有的仿人机器人平台，进行了机器人实验程序设计，通过设计语音模块、传感器模块、视觉模块、步态模块等基础实验，使学生认识机器人的各类传感器与执行机构，迅速熟悉机器人编程与控制方式；并设计了机器人接力、机器人足球实验等综合型、创新型实验，用于提升学生自主设计能力、创新能力。实验程序设计如图 2 所示。

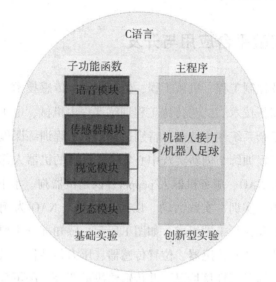

图 2　实验程序设计

为避免机器人频繁使用的损耗，革新和开发了仿真软件，结构如图 3 所示，包括 SimRobot 主程序、SimRobotCore 库文件、GUI 库文件、Controller 库文件，以及 Scene 描述文件，在仿真软件上部署实验程序，完成仿真实验，最后在实体机器人上进行验证。

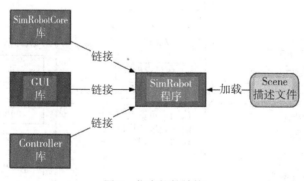

图 3　仿真软件结构

三、机器人技术在工程训练中的实践

在充分调研工科类、综合性高校工程训练体系、课程内容基础上，研究了工程人才特有的成长规律和发展规律，在确保受众面大、受益面宽的前提下，引入各种最新的机器人系统，更新教学设备和方法，与时俱进，为学生提供与现代科技发展、社会需求接轨的工程训练实验；重点进行创新型、综合型实验项目的开发，丰富实验内容；开发的新机器人平台可进行多项目、多模块、多学科的实验案例，针对不同学科因材施教、分层次教学，扩展工科专业受益面，提高文科、理科专业的覆盖率，也能节约成本，充分发挥大学生工程训练与创新实践中心这一公共基础平台的作用。依托最新的机器人平台，改革和完善了"工程认知教育-工程技能教育-综合实践教育-创新实践教育"四位一体的工程训练体系。

（一）工程认知教育

针对文科、理科等全校学生开展工程认知教育，使用 NAO 仿人机器人实验平台，利用图形化编程工具开展实验教学，降低入门门槛，使零基础学生也能认知机器人技术基础原理、实践方式，体验工程文化。工程认知教育中的机器人实验包括 4 学时验证型实验和 4 学时设计型实验，验证型实验主要完成 LED 灯设置、语音交互、行走等 4 个基础实验，以此为基础自行设计规定任务完成设计型实验。与原有的工程训练课程内容一起构成工程训练课程模块群，按专业设置的不同、学生个性需求不一，设置模块式选课方案，充分满足不同知识结构学生需求的多样化与个性化。整个课程可让学生亲历工业环境，体验工业生产过程，了解工业安全、环保、质量等大工程背景知识，建立基本的工程素养以及质量意识、成本意识、安全意识、合作意识、创新意识等基本的工程意识。

（二）工程技能教育

面向工科、信息学科学生开展工程技能教育，遵循科学的认知规律，工程训练教学保持系统性和连贯性，采用以问题为导向的 PBL（problem-based learning）教学模式，引入工业机械臂、智能制造生产线等人工智能平台，让学生熟悉机械制造工艺技术、机电运动控制技术、现代制造技术及智能制造技术，通过基本技能实践训练，理论与实践的有机结合，培养学生的动手能力、工程实践能力及责任心，打通卓越工程师培养的绿色通道，为学生未来的职业生涯提供宝贵的财富。

（三）综合实践教育

面向弘毅学堂先进制造专业等工科特定专业学生开展综合实践教育，采用以成果为导向的 OBE（outcome-based education）教学模式。以"机电工程训练"课程为试点，重点设计创新型、综合型实验，并围绕创新型实验涉及的基础技术知识设置多个基础技能实验，强化知识点训练，增加多个实验间的联结性，使用仿人机器人、无人机、四足机器狗等机器人平台，从机器人的传感、控制、行为等方向设置技能实验，让学生体会运动学、动力学、运动控制等在机器人上的应用，最后进行创新型、综合型实验，让学生发挥主观能动性，学会运用知识解决实际问题，培养学生解决复杂问题的能力和创新精神，让学生的知识、素质、能力得到协调发展。

（四）创新实践教育

将第一课堂与第二课堂紧密结合，把学生的课余时间喻为"阵地"，去"抢、争、夺"，引导实践课程中表现突出、有进一步学习需求的学生进行自主学习、开放实验，延伸课内实践内容，产出作品的学生可进一步加入专业的竞赛培训，按正常课程模式开展竞赛培训，将竞赛内容总结归纳为创新型、设计型案例，降低学生参加竞赛的门槛，同时可将竞赛案例应用到实践课程中，实现竞赛反哺教学，达到事半功倍的效果，形成"实践课程-开放实验-竞赛培训"递进式创新实践教育体系。解决了学科竞赛等创新实践活动与学生日常学习脱节的问题，将创新实践活动与理论教学相结合，用理论课程中的专业知识指导学生的实践，学生实践活动中收获的"精华"转化为理论课程的教学内容，打通理论课与实践活动的壁垒，实现双赢。

同时，积极探索先进的教学模式和教学方法，重点实行基于问题、案例的互动式、研讨式教学，倡导自主式、合作式、探究式学习。形成以培养"厚基础、宽口径、高素质、强技能"、具有三创（创新、创造和创业）精神的高素质人才为目标的多位一体的创新实践教育体系。

四、结语

通过将先进的机器人技术融入传统的工程训练课程，进行实验技术改革，不仅缓解了现有实验内容、实验系统老旧的问题，也完成了工程训练课程的深化与改革，为多门工程训练课程提供系统的实训模块、实训内容，形成了"工程认知教育-工程技能教育-综合实践教育-创新实践教育"四位一体的工程训练教育体系。同时为大学生科研和学科竞赛等课余活动提供了有力的支撑，使得大学生工程训练与创新实践中心的机器人竞赛发展迅速，在中国机器人大赛暨 Robocup 世界杯中国赛、中国高校智能机器人创意大赛、中国机器人及人工智能大赛等竞赛中屡获佳绩，共获 33 项国家级奖项，其中一等奖 12 项，"实践课程-开放实验-竞赛培训"递进式创新实践教育体系成果显著。

◎ **参考文献**

[1]李永胜．现代工程的基本特点及其哲学思考[J]．辽东学院学报（社会科学版），2009，11(4)：1-9．

[2]傅水根．我国高等工程实践教育的历史回顾与展望[J]．实验技术与管理，2011，28（2）：1-4．

[3]丁洪生，周郴知，杨志兵，等．工程训练实践教学体系的改革与创新[J]．实验技术与

管理，2005(6)：1-4.

[4]王田苗，陶永．我国工业机器人技术现状与产业化发展战略[J]．机械工程学报，2014，50(9)：1-13.

基于金相大赛的金相技能实验教学改革

于洋洋

摘要：金相制备与观察是材料学专业的一项重要实验技能。武汉大学动力与机械学院实验中心金相制备实验室以金相大赛为契机，探讨金相技能大赛与材料学实验教学体系，推进实验教学改革，开展规范化实验教学的探索和研究，充分调动学生学习的积极性，提高实验教学水平，培养学生的创新精神和实践能力。

关键词：材料专业；金相竞赛；实践教学；实验教学改革

随着经济和材料学科的发展，新材料不断涌现，储能材料、先进金属材料、新型高分子材料和复合材料等标志性创新成果不断涌现。新材料产业发展对我国成为制造业强国至关重要，作为先导性产业的新材料是其他战略性新兴产业发展的基础、支撑和保障，对于推动技术创新和技术进步、带动传统产业升级、促进我国工业经济转型有着非常重要的作用。新材料产业具有重要的战略地位，技术密集、附加值高、应用范围广，这对高校机械工程材料类专业人才培养质量提出了更高的要求，急需大量有较强创新能力和工程实践能力的人才，实验教学改革迫在眉睫。

实验教学是工科教育的重要组成部分，对于培养学生的开拓创新精神和实践能力起着十分重要的作用。金相学在材料专业实验教学过程中占有十分重要的地位，随着新材料的涌现，金相学的研究范围从金属与合金领域迅速扩大到无机非金属材料、有机高分子材料乃至复合材料。为了促进各高校对机械工程材料学科金相实验教学的重视，交流各高校在实践教学方面的经验，近年来，教育部、各高校实验工作研究会、各省机械工程协会、材料学会、金属学会共同协作，承办了一系列全国性高校大学生技能大赛，促进学科交流，提升实践教学质量。

一、材料类实验教学体系及金相技能教学现状

材料学研究以实验教学为基础，金相技能是材料学研究中的基础技能，包括金相试样的制备、显微镜观察和摄影、组织的观察与分析等，涉及的理论基础繁杂、知识量很大。传统的金相实验教学依托"材料科学与工程基础实验"课程，通常是教师课堂讲解理论知识，学生

作者简介：于洋洋，动力与机械学院实验中心。

分组进行实验验证，受实验学时、实验场地以及显微镜台套数的限制，学生实践以验证性实验为主，综合性、创新性实验的机会较少，实验教学过程中师生互动性差。在有限的学时内，学生无法熟练掌握具体设备的操作方法及金相试样制备技能，金相显微组织观察与分析技术水平不高，导致学生动手能力下降，并且毕业后向成熟科技工作者的过渡期明显加长。鉴于以上现状，有必要对金相技能实验课进行改革，从教学理念、课程体系、教学模式及实验项目等方面进行改革和创新，激发学生的兴趣，提升学生金相技能水平。

二、金相实验教学改革与探索

2012 年由清华大学、北京科技大学、昆明理工大学、重庆大学、东南大学等高校联合发起，在北京科技大学举办了第一届全国大学生金相技能大赛，此后每年举办一届。这是一项经教育部高等学校材料类专业教学指导委员会认可的全国性材料类大学生专业技能赛事，目的在于提高学生的金相技能、实验动手能力以及应用能力，为全国大学生提供相互交流和学习的实践平台。

武汉大学动力与机械学院重视实践教学，大力支持实验教学的研究及改革。动机学院实验教学中心以培养卓越工程师为目标进行建设，围绕培养专业基础扎实、专业能力突出的卓越工程师进行实践教学。在学校、动力机械学院、院实验教学中心的支持下，我们积极组织学生参加了共九届金相技能大赛，取得了优异的成绩，积累了丰富的经验。根据参加全国性金相技能大赛的经历，结合我校金相技能实验室的教学现状，提出了通过组织参加国家级、省级金相技能竞赛，"以赛促教、以赛促建、以赛促学"的教学改革方式。

(一)以赛促改，推进教学实验模式改革

为促进教学改革，提高教学质量，动机学院实验中心于 2014 年引入大学生金相技能大赛，开设"材料科学与工程基础综合实验""工程材料综合实验"实践教学课程，首先面向材料学专业本科生设置课内金相竞赛。2017 年，结合专业教学计划和大纲的修订，将金相技能大赛与实验课程培养目标有机结合，写入教学实验大纲，开设创新创业课程"金相试样制备与观察"，从材料学专业扩展到动力与机械学院乃至全武汉大学所有专业学生，课程以金相大赛竞赛规则为标准进行课程教学，以金相大赛预选赛的形式进行结课，结课后所有参加课程的同学获得 3 个学分。预选赛的前 10 名优胜者组成金相大赛武汉大学校队继续训练，代表武汉大学参加湖北省金相大赛，乃至全国金相大赛。我们从第 4 届全国大学生金相技能大赛开始参赛，已经带领我校学生参加了 9 届全国金相大赛，5 届湖北省金相大赛，基于以上参赛经验，制定出符合我校现状，利于学生发展的课程内容和竞赛规则，在学生评奖评优方面给予高度支持，大大激发了学生的学习热情。以大赛形式进行实验教学后，选课人数大大增加。以往该项目实验课程为 0.5 学分，材料专业选课人数约 20 人左右，即课时量为 240 人时/学年；改革后该项目实验课成为 2.5 学分，全校选课人数

120 人左右，课时量达到了 7200 人时/学年，从课时的巨量变化可以看出本次实验教学改革成果初现(见表 1)。

表 1 　　　　　　　　　　实验教学改革前后实验项目承载课时量

实验课程	教　改　前				教　改　后			
	学分	学时	选课人数	学年总课时数（人时/学年）	学分	学时	选课人数	学年总课时数（人时/学年）
材料科学与工程基础综合实验	0.5	12	100	1200	0.5	12	150	1800
金相试样制备与观察创 3	0	0	0	0	2.5	60	120	7200

(二)以赛促建，加强实验室硬件建设

武汉大学在 20 世纪 80 年代已拥有完备的金相实验室，随着近年我国材料学科的高速发展，更优质的实验设备也随之出现。为了提高我校材料类学生专业基础知识、实践动手能力、双创思维与工程观念，同时为了适应全国大学生金相技能大赛的需求，我们对实验室进行课升级整改(见图 1)。我们引进了一个金相制备实验室，按照大赛要求装备了 12 台套制样设备，包括实验台、抛光机，水槽等，可同时供 24 名学生进行操作，大大提升了学生动手操作仪器的学时数；同时引入多媒体互动金相教学实验室，包括 16 台金相显微镜和 16 套互动系统，可满足 32 人同时在线互动交流，课堂上教师可全面控制整个实验室的网络，实时监测各个学生的显微镜视场，指导学生观察显微图像、与学生进行互动交流；同学之间可通过局域网互相查看对方的显微镜视场并进行讨论。多媒体互动是一种全新的教学模式，比传统的 PPT 讲解更直观更透彻，大大激发了学生的积极性，课堂氛围火爆，学生能全情投入课堂内容中，从而大大提高教学质量。

图 1　改造后的金相试样制备与观察实验室

(三)以赛促学,激发大学生学习动力推进综合素质培养

在以往的实验教学中,我们常常发现学生对实验现象懒于思考,对创新和实践并不感兴趣,实践和理论的结合非常不足,对实验采取应付的姿态。一直以来,教师评定实验成绩往往以课后学生交的实验报告为依据,加剧了学生上课时的无所谓态度,实验报告抄袭现象严重,有的学生甚至认不清金相组织特征,不知道自己制备的金相组织是否正确。

金相技能大赛引入实验教学后,促使金相实验教学发生了很大的转变,从传统的教师灌输式教学模式,转变为以教师引导、学生自主学习为主;从以理论知识为主的学习,转变为基本理论和实践相结合;这个实验教学过程氛围紧张活泼,要求精益求精,充分调动了学生参与实验的主动性和积极性,不仅加深了对课堂理论知识的理解,更强化了学生的创新精神和实践能力的培养,达到了以赛促学的目的。

根据全国大学生金相技能大赛的要求,结合动机学院实验中心金相技能实验室的自身条件,"金相试样制备与观察创3"培养过程分成以下几个部分:首先面向全校所有学生开设"金相试样制备与观察创3"实验课程,课程采用教师集中讲解+学生集中训练+学生自助训练相结合的形式进行,对课程中学生的课程参与度、实验技能、安全操作进行多次阶段性考核,考核成绩计入课程期末成绩;完成"金相试样制备与观察创3"实验课程的学生进行学校初选,根据成绩择优选择学生,组成武汉大学校队。对金相大赛校队学生再次进行培训后进行复赛,复赛优胜者将代表武汉大学参加湖北省金相大赛;省赛优胜者参加全国大学生金相技能大赛。从最近几年校内初选的情况来看,学生积极性很高,报名的人数很多,经过几个阶段的备赛和竞赛选拔,提高了学生的学习能力和解决问题的能力,有利于各高校学生之间相互学习、取长补短、互相促进。在这个过程中,学生不仅与自己的指导教师和同学建立沟通渠道,还能与其他高校的指导教师和学生进行更广泛的交流。学生不仅代表个人,还代表着学校,这会开拓学生的社交,激发学生的斗志,提高集体荣誉感和社会责任感。在校赛、省赛、国赛的竞赛现场,学生们常常面对突如其来的困难,学会沉着应对、圆满地解决了遇到的各种问题,体现了良好的心理素质和处理复杂状况的综合能力,对提升学生的心理素质和应对今后实际工作中处理问题的综合能力是一个很好的机会。经历过整个备赛、参赛过程,大学生综合素质的培养得到了提升。

三、实践效果

(一)面向多专业开展实验技能竞赛,跨专业、跨学科的实验教学改革使众多学生收益

近年来,选课及参赛学生包括材料科学与工程专业、机械设计制造及其自动化专业智能制造工程专业、能源与动力工程专业、核工程与核技术专业、材料成型及控制工程、人

工智能与自动化专业、电气工程专业、生命科学学院弘毅班、工程管理专业等。从课时量上来看，由原来的 1200 人时/学年增至 9000 人时/学年，实现课时量的激增；充分调动学生锻炼自身实践能力的意识，显著提升教学质量。

（二）实验室硬件建设、教学水平得到提升

实验室建设是一个综合性的工程，引入金相大赛后，我们按照金相大赛竞赛标准引进多媒体显微互动系统，建设金相观察实验室；改建金相试样制备实验室；建设危化品保管室，对试验过程中使用的硝酸、酒精等易燃易爆化学品实行安全管理；建设开放型实验室，学生实验操作及安全考核合格后，采用预约制自主进入实验室进行实验，这大大增加了学生实践操作的灵活性，为学生提供广阔的操作空间和发展机会。

四、结语

本文基于金相大赛探索了金相实验教学改革，通过技能大赛不断带动专业培养模式、课程设计、实验仪器和教学设备的发展，提升实验室建设。将竞赛机制引入实验教学，培养学生的创新、竞争、团队合作精神，提升学生素质培养。对实验教师的理论水平和实践动手能力、带队能力提出了更高要求，提升教学质量。从学生学习方式的改革、教学方式的改革以及实验室管理模式的改革，使得实验教学成为材料学专业人才培养、师生交流、学生丰富专业学习生活的重要平台，对于促进材料类专业学科发展，深化教育教学改革，提高人才培养质量具有重大的现实意义和长远的战略意义，以期为材料类专业学生提供更广阔的发展平台。

基于试卷式实验报告的评估方法研究

李 友 何 勇

摘要：在实验教学中，教师通过试卷式实验报告为学生搭建包括实验目的、仪器设备、实验原理、实验数据、结果处理和结论分析六部分的整体实验框架；将实验重难点设计为不同类型和难度的题目，考查学生对知识的理解应用能力、实验操作能力和数据处理分析能力。采用试卷式实验报告便于学生课前预习，提高学习自主性；实验操作过程中，学生在给定表格中直接记录数据，保证实验结果的真实性；课后学生完成结果处理和结论分析等任务，扩展思维。

关键词：力学实验；试卷式实验报告；实验教学

力学是物理、机械、建筑和环境等学科的基础[1]，对我国工程技术、先进制造、智能科技、航空航天及新材料等关键领域起到支撑和引领作用[2]。同时力学也是"基础学科振兴计划"的重点建设学科[3]，相关的力学课程覆盖土木、机械、水电和材料等多个专业[4][5]。在教学培养过程中，实验课程是辅助理论教学、拓展学生思维和提高实践技能的重要教学方式[6]。力学实验是对学生进行工程素质教育的重要环节，是提高学生实践技能的重要途径[7]，是培养学生自主创新能力的重要平台[8]。

实验课程最主要的部分包括实验原理讲解、实验操作和实验报告的撰写。近年来，我国高校实验教学改革主要针对前两项内容，大力推行了线上慕课教学和虚拟仿真实验平台等新型实验方式[9][10][11][12]，但是关于实验报告的改进研究常被忽视。实验报告是学生记录实验过程、分析实验数据和总结实验问题的重要载体，同时也是教师了解学生实验操作情况和知识运用能力并进行成绩评定的重要途径和依据。

目前，大部分实验课程中采用传统通用式实验报告。该报告为 A3 尺寸白纸，设计有几部分大表格。在教学过程中发现，这种实验报告存在很多弊端，例如，撰写实验原理和实验步骤时，学生敷衍了事，不思考，也不总结概括，直接堆砌教材或网络内容，只以填满给定板块为目的，导致报告中出现语言不通、逻辑混乱和实验步骤与实际操作不符等问题；更有甚者直接通篇抄袭。这种现象造成教师难以评估学生对实验的掌握情况和发现实验课程的问题，失去了撰写实验报告的意义并且不利于培养学生的实践创新能力[13]。目前，一些国内院校对实验报告进行了改革，例如推行了拍照辅助式的化学实验报告[14]和

作者简介：李友，武汉大学土木建筑工程学院，中级实验师。

论文式物理实验报告[15]等。针对这一问题，我校力学实验教学中心(以下简称实验中心)进行了试卷式力学实验报告撰写的教学改革，经过数年的应用改进，有效提高了学生的学习积极性和学习效率，同时也有利于教师通过批改实验报告发现学生实验中存在的问题。通过对2019级300余名参加力学实验学生的问卷调查，结果显示试卷式实验报告得到了高度认可。

一、我校力学实验报告改革情况

我校力学实验课程面向土木建筑工程、水利水电学院等8个学院的19个本科专业开课，承接本科生3000余名/年，课时数13000人时/年。统计情况如图1所示，实验中心基于学生专业和理论课程的区别，分别开设了6~24学时不等的实验课程。

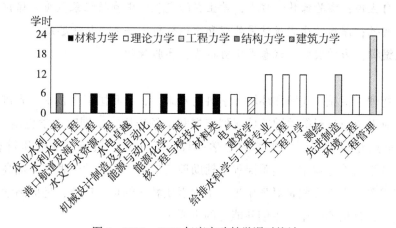

图1　2019—2020年度实验教学课时统计

自2015年，实验中心逐步设计了金属材料拉伸与压缩实验、圆轴扭转实验、剪切弹性模量G的测量、单一材料梁弯曲正应力实验、组合材料梁弯曲正应力实验及弯扭主应力实验的试卷式实验报告。报告主要分为实验目的、仪器设备、实验原理、实验数据、结果处理和结论分析五部分，涉及填空、问答、绘图、制表和计算等题型。每题设有相应的分值，便于教师批阅评估学生的实验情况。

二、试卷式实验报告特点

(一)紧扣实验环节，提高教学质量

撰写实验报告是对实验课程所有环节的回顾总结，也是提高学生分析应用能力的重要途径。报告的内容设计要充分考查学生对实验原理的理解能力、实验操作能力、理论知识

应用能力和分析总结能力。如图2所示，以单一材料梁弯曲正应力实验为例。

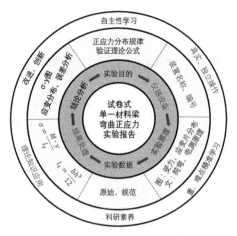

图2　试卷式单一材料梁弯曲正应力实验报告设计

试卷式实验报告在"实验目的"部分采用填空题形式，考查专用名词、简写符号、基本公式等知识，但给出实验的主要任务为测定矩形截面梁在纯弯曲时横截面上的正应力大小和分布规律，并验证正应力计算公式，如图3所示。

一、实验目的(6×2分＝12分)

1. 用电测法测量矩形截面梁在纯弯曲时横截面上正应力的大小及分布规律，并与理论计算值进行比较以验证_____公式。

2. 掌握_____的基本原理和_____的使用方法。

图3　试卷式单一材料梁弯曲正应力实验报告：实验目的

课前将实验报告以电子版下发学生，学生针对实验任务自主地学习相关理论知识。"仪器设备"部分要求填写仪器名称和编号，当学生数据相同，可能存在抄袭问题时，教师可对照签到表记录的仪器编号找出抄袭学生。这种方式可以督促学生真实、独立地进行实验操作。"实验原理"包括绘图和文字两部分，考查学生绘制受力分析简图的能力和对实验设备设计原理的掌握能力，如图4所示。通过填空或问答题的形式帮助学生建立清晰的实验流程和逻辑框架。

"实验数据"部分提供表格，如图5所示，学生将原始数据直接记录在实验报告上，不允许私自涂改，以此培养学生规范的实验习惯、严谨求实的科学态度，提高科研素养。

"结果处理"部分要求学生利用实验数据和理论公式计算正应力的大小和分布，是了解学生实验操作和理论知识结合能力的关键。最后"结论分析"部分设计合适的题目考查学生对数据深入提炼以及误差分析的能力，使学生不只完成实验任务，更要善于扩展、改进和创新。

三、实验原理(2×3+2×4+11×1 分 = 25 分)

弯曲正应力实验装置示意图	应变片粘贴位置示意图

1. 纯弯曲原理：

⇒		⇒		⇒

2. 电测法原理：

⇒		⇒		⇒

惠斯顿电桥输出特性：_____桥臂_____，_____桥臂_____。

图 4　试卷式单一材料梁弯曲正应力实验报告：实验原理

四、实验数据(2×6+5×1+5×1+5×1 分 = 27 分)

L(mm)	h(mm)	a(mm)	b(mm)	E(GPa)	K

加载方案：_____级_____，每级_____ N×_____ = _____ N。

仪器读数	测点 1 (×10^{-6})	测点 2 (×10^{-6})	测点 3 (×10^{-6})	测点 4 (×10^{-6})	测点 5 (×10^{-6})
$F_0 = 0N$					
应变增量 $\Delta\varepsilon$					
$F_1 = 200N$					
应变增量 $\Delta\varepsilon$					
$F_2 = 400N$					
应变增量 $\Delta\varepsilon$					
$F_3 = 600N$					
应变增量 $\Delta\varepsilon$					
$F_4 = 800N$					
应变增量平均值					

图 5　试卷式单一材料梁弯曲正应力实验报告：实验数据

教师根据实验教学积累的经验和发现的问题，有针对性地设计题目，与实验各个环节紧密相关，可以帮助学生厘清思路和找准实验重难点，提高实验学习效率；丰富的题目类型可以全面了解学生的实验操作能力、数据处理能力和知识应用能力；试卷式实验报告可以帮助学生学习规范的实验方案、养成良好的实验习惯、提高科研素养、增强创新意识。

（二）减轻学生负担，提高教师效率

传统通用式实验报告需要学生描述整个实验流程，导致学生照搬教科书或网络的大段文字，缺乏自主思维且逻辑混乱；对于实验的重难点理解不透彻，数据分析不到位；占用大量的课余时间，但学习效果甚微。撰写试卷式实验报告可以避免学生书写大量流程性文字，针对性考查实验重难点，培养学生的总结创新能力。实验报告大部分内容在课堂中就可以完成，因此可以提高学生的学习效率并减少抄袭现象。

教师批改传统通用式实验报告时，在大段的文字中寻找给分点，效率低下，尤其是当学生字迹潦草、语言混乱时，教师易产生厌倦心理，不利于教师通过掌握学生实验情况来发现学生的薄弱问题。批改试卷式实验报告大大提高了教师的效率，也更易于发现实验教学中存在的问题并积极改进。

三、试卷式实验报告的效果反馈

目前，实验中心开设的电阻应变计的灵敏系数测定、弯扭组合变形的主应力测试、压杆稳定等实验仍采用传统通用式实验报告。对比学生提交的两种实验报告，学生撰写试卷式实验报告更加仔细、认真，而传统通用式实验报告中的抄袭现象和敷衍度仍较高。

为了解试卷式实验报告的使用效果，实验中心对本学期进行力学实验课程的 312 名大二年级学生进行了无记名问卷调查，回收率 100%。调查结果如表 1 所示，学生普遍认可试卷式实验报告，认为其更有助于理解实验过程、掌握实验重点，节省撰写时间，提高学

表 1　　　　　　**试卷式与传统通用式实验报告调查问卷内容与结果**

调查内容	调查结果	
	试卷式实验报告	传统通用式实验报告
更有助于理解实验过程、掌握实验重点	97.8%	2.2%
节省撰写时间、提高学习效率	100%	0
完成难度更大	12.8%	87.2%
更能锻炼语言组织能力	35.9%	64.1%
学生建议与意见	1. 试卷式更有利于理解实验精髓，节省时间，传统通用式更多的是不假思考地抄写，帮助小，建议推广试卷实验报告至更多学科。	
	2. 增加问答题和思考题数量，锻炼逻辑思维能力。	
	3. 增加实验原理部分的题目，加深题目难度。	

习效率。87.2%的学生认为完成传统通用式实验报告的难度更大，12.8%的学生认为完成试卷式实验报告的难度更大。试卷式实验报告要求学生边实验边记录，独立性要求高，加强了对学生知识应用能力、数据处理能力和分析研究能力的考查。传统通用式实验报告更加侧重于学生课后的实验总结和语言组织能力，但由于抄袭现象严重，传统通用式实验报告的考查效果大打折扣。

同时，学生也对试卷式实验报告提出了建议和意见，实验中心会继续改进题目类型、内容和难度的设定，逐步推广试卷式实验报告。

◎ 参考文献

[1] 吴莹，徐志敏，张陵. 适应"新工科"人才培养需求的力学实验教学新模式[J]. 力学与实践，2019，41(1)：86-90.

[2] 马新玲. 以"力学设计与操作"课程为例，浅谈力学创新实践型教学[J]. 力学季刊，2021，42(2)：405-412.

[3] 詹世革，张攀峰. 国家自然科学基金力学学科发展现状和"十三五"发展战略[J]. 力学学报，2017，49(2)：478-483.

[4] 廖庆敏. 深化示范中心内涵建设 不断提高学生实践与创新能力[J]. 实验技术与管理，2014，31(2)：107-109.

[5] 赵红晓. 材料力学实验在线考试系统的开发与实现[J]. 实验室科学，2020，23(5)：94-97.

[6] 张艳玲. 实验报告在培养工科大学生综合能力中的重要作用[J]. 教育教学论坛，2020，7(30)：627-633.

[7] 赵璐，王宝民，陈廷国. 面向国内外土木工程专业本科生创新研究开放基金的设立与实践[J]. 实验技术与管理，2020，37(8)：32-36.

[8] 宿秀娟，邓阳. 大学生物理化学实验报告写作能力的评价工具设计研究[J]. 化学教育，2020，41(20)：37-43.

[9] 周洪，任正涛，胡文山，等. 基于NCSLab 3D的虚拟远程实验系统设计与实现[J]. 计算机工程，2016，42(10)：20-31.

[10] 周洪，刘超，何珊，等. 电力生产过程虚拟仿真实验教学中心建设与实践[J]. 实验技术与管理，2014，31(8)：1-4，8.

[11] 熊光明，龚建伟，陈慧岩，等. 以慕课和实验项目驱动的智能车辆课程混合式教学实践[J]. 实验技术与管理，2021，38(1)：184-194.

[12] 刘玮，熊永华，王广君. 新工科背景下工科课程高阶学习教学模式探讨与实践[J]. 高等工程教育研究，2021，38(1)：163-168.

[13] 杨富琴，周家乐，王嵘. 实验教学中心培养大学生创新创业能力的实践与探索[J].

实验技术与管理，2020，37(10)：20-22.

[14] 饶淑荣，贺琴，黄晟，等．拍照辅助有机化学实验报告协作改革[J]．化学教育，2020，41(20)：44-48.

[15] 田东亮，杨青林，刘克松，等．贯穿论文式实验报告的综合能力培养教学实践[J]．大学化学，2021，36(7)：66-72.

微波等离子体化学气相沉积装备研发

汪启军

摘要：微波等离子体化学气相沉积(MPCVD)装置直接决定了金刚石的生长质量及电学力学性能。本文介绍了工业科学研究院 MPCVD 装备的系统构成和独特的谐振腔体结构，该设备可满足金刚石高功率高压力下快速生长的使用要求，并结合生长试验加以验证。通过金刚石生长试验证明，开发的 MPCVD 装备在满足高速生长的同时还能有效避免石英刻蚀造成的金刚石硅污染，提高金刚石的生长纯度和晶体质量。

关键词：MPCVD；装备研发；金刚石

一、引言

金刚石是由碳原子与碳原子之间经过 sp3 杂化形成碳的同素异形体，其具有立体网状结构，独特的晶体结构形式导致其拥有优异的力学、光学、热学、声学和电学性质，使其能够应用在高精密加工、光学窗口片、热交换材料、量子通信以及半导体器件等众多领域[1]。金刚石合成的方法目前有两种：高温高压法（HPHT）和化学气相沉积法（CVD），HPHT 法是使用六面顶压机来模拟地壳内部的高温高压环境合成金刚石，由于合成过程中需要使用金属触媒以及生长腔体尺寸较小，导致合成的金刚石中含有铁钴镍等金属杂质[2][3]。与此同时，由于受腔体尺寸的限制，合层的金刚石尺寸很难超过 $10 \times 10 \mathrm{mm}^2$，无法满足高质量金刚石的使用要求。

CVD 法可以在较低的温度和压力下利用甲烷和氢气来合成金刚石，CVD 法根据气体裂解的方式不同又分为热丝 CVD 法（HFCVD）[4]、直流等离子体电弧喷射 CVD 法（DCPJCVD）[5]和微波等离子体 CVD 法（MPCVD）三种[6]。MPCVD 法具有微波功率连续可调，腔体内部等离子体功率密度高，温度均匀性好，且不受腔体尺寸的限制，可以生长半导体需要的英寸级金刚石薄膜，是未来最具有广阔前景的金刚石生长方法。

MPCVD 装备开发对金刚石生长起着决定性的作用，先进的 MPCVD 技术都被国外公司所掌控。例如，ASTeX 公司开发的石英钟罩式 MPCVD 设备，日本 SEKI 公司设计的石

作者简介：汪启军，武汉大学工业科学研究院，实验师，武汉大学湖滨先进制造与人工智能实验室。

英平板式 MPCVD 装备，德国的弗劳恩霍夫研究所提出的新型椭球腔型 MPCVD 装置。国内 MPCVD 装置和 CVD 合成金刚石技术起步较晚，与国外 MPCVD 设备相比无论是在设备的密封性还是金刚石晶体生长质量方面均存在一些距离[7]。目前，国内的设备普遍存在的问题是：等离子球尺寸小、设备密封性差、生长速率慢和金刚石颜色差等。

我们成功研制了一种新型 10kW 的圆柱腔 MPCVD 装置，该装置独特的谐振腔结构设计，能够保证腔体较低的泄漏率，采用该装置在 6kW 和 185mbar 条件下进行了高质量金刚石薄膜的生长。作为武汉大学刘胜教授承担的国家重大科研仪器研制项目"薄膜生长缺陷跨时空尺度原位/实时监测与调控实验装置"的一部分，本装备的研制成功，保障了重大仪器项目的顺利结题，同时也为武汉大学提供了金刚石半导体材料的生长装备和共享平台，对提高学校的研究能力以及科研水平起到了一定的促进作用。

二、MPCVD 装备总体组成

本文设计的 MPCVD 装置主要由以下几个系统组成：微波系统、谐振腔系统、气体控制系统、真空系统、自动控制系统、冷却系统和局部环境系统，每个子系统均能为整个装备的正常运行提供特定的功能保证。MPCVD 装置主要系统组成如图 1 所示。

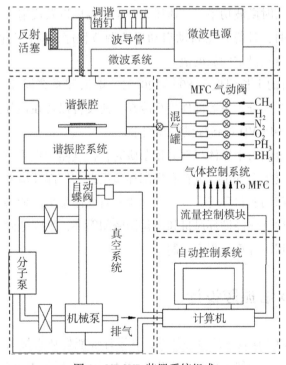

图 1　MPCVD 装置系统组成

微波系统是由微波电源、矩形波导管、反射活塞和三阻抗调配销钉组成，微波源采用了美国 MKS 公司生产的微波电源,工作频率为 2.45GHz,微波功率为 10kW。微波源产生的电磁波经过波导管传输至同轴模式转换天线,通过模式转换天线将波导管中的横电波转换成横磁波在谐振腔体内部进行传输。波导管上安装有三阻抗调配销钉,通过调节三销钉插入波导管内部的深度来调节微波反射功率大小,以此来增加馈入腔体内部的微波能量,提高能量利用率。同轴模式转换天线采用贯穿模式跟矩形波导管进行连接,同轴模式转换天线内部具有通孔,通孔顶部安装有双色红外测温仪,用于监控金刚石生长温度。

气体控制系统设有 6 路气体管道,分别是 CH_4、H_2、N_2、O_2、PH_3 和 BH_3 管道,为了确保生长金刚石具有很高的纯度,在气体进入设备之前在管路上设置有气体纯化系统,用于消除气体中的杂质。根据不同气体用量的不同,选择不同量程的流量计,流量计控制精度为最大量程的 2%。气体管路采用 316L 级的抛光不锈钢管,确保管路中无杂质析出影响金刚石的生长品质。气体经过流量计后进入混气罐,混合均匀后进入腔体进行生长。

真空系统中的真空泵和压力控制系统位于 MPCVD 装置的下方,该系统主要由机械泵、分子泵、自动蝶阀、电阻硅和电离硅真空计组成。采用机械泵和分子泵联用的方式可以使腔体得到更高的真空度,腔体内部极限真空度根据实测可以达到 10^{-3}Pa。在生长过程中,腔体内部压力可以在控制界面上进行设定,腔体内部压力维持通过计算机根据真空计反馈信号控制自动蝶阀的开度大小来实现。

自动控制系统由计算机程序进行实现,计算机能够实现设备从启动到停止的全自动运行,控制界面上显示实时微波功率、气体压力、生长温度以及反射率等控制参数,当设备生长温度超过设定值时,计算机会自动启动反馈调节程序,对设备的功率和压力进行调节,直至生长温度维持在设定的温度值。

MPCVD 法金刚石的生长温度为 800~1200℃,谐振腔系统需要采用冷却水对谐振腔体、基片台、微波电源及分子泵等部件进行冷却,使设备保持在最佳的工作温度区间,室外配有水冷机组来给 MPCVD 设备提供冷却用水。

该装备可以用于金刚石半导体材料的掺杂研究,在气路中设置有 BH_3 等气体,为了防止气体泄漏,保障人员生命安全,设置有局部环境系统。局部环境系统主要是在设备上加装手套箱部件形成局部的密封环境,减少气体泄漏对人体带来的危害。手套箱内充满惰性气体,手套箱内的惰性气体经循环风机和净化器密闭循环,不断地除水除氧,除水除氧材料可以再生,再生过程由计算机程序控制。

三、MPCVD 谐振腔设计

微波谐振腔是 MPCVD 装置的核心部件,其设计性能好坏直接关系到单晶金刚石薄膜的生长速率和结晶质量。一般来说,用于生长 CVD 金刚石膜的 MPCVD 谐振腔体应该满足以下设计原则:

(1)该腔体可以提供高微波功率密度,功率密度表示吸收的功率与等离子体球的体积之间的比率，高微波功率强度促进氢和碳源的热离解，从而提高生长速率和晶体质量。

（2）确保石英窗能够得到有效保护，不被等离子球刻蚀，以避免金刚石样品受到污染。

（3）微波放电能够在基板上方点燃并与基板保持良好接触。

（4）水冷基片台可沿纵轴上下移动，以改变圆柱形腔体的形状，确保反应器具有良好的实时阻抗调谐功能，水冷基片台在金刚石沉积过程中保持温度稳定，可带走金刚石沉积过程产生的热量。

（5）MPCVD 泄漏率低，结构简单，便于加工维护。

根据以上条件，结合当前石英平板式 MPCVD 和石英钟罩式 MPCVD 在高功率使用中出现的等离子体刻蚀石英窗口，导致金刚石生长过程中存在硅杂质污染的问题，设计了一款新型圆柱形谐振腔微波等离子体化学气相沉积装置。该装置具有良好的密封性能，取消了石英板和石英钟罩密封形式，采用了石英环密封结构，且石英环远离等离子体，确保了高功率下生长金刚石薄膜的纯度。

图 2 为新开发谐振腔体外观。该腔体由上下两部分组成，腔体材料为不锈钢，腔体直径约为 240mm，大约是微波波长的 2 倍，腔体内部体积约为 4000cm³，对称结构设计可以使得腔体内部微波能量更加集中。上下腔体直接采用双层氟橡胶密封圈，上层腔体跟升降机构进行连接，可以通过升降机构实现谐振腔体的开合，便于操作。气体采用水平进气的方式，反应气体的入口设在反应腔体的左侧，出口放在反应腔体的右侧，水平布局更有利于提高气体的解离效率，便于物质基团更均匀的从基片台上方流过，进而保证生长金刚石薄膜的均匀性。模式转换天线位于谐振腔的顶部，腔体内部使用了两个石英环作为微波窗口，上方的石英环起到支撑模式转换天线的作用，下方的石英环起到密封腔体的效果，石英环设置在模式转换天线的下方，在重力和大气压力的共同作用下，保证模式转换天线与上腔体形成一个密闭空间，保证反应腔体内部的真空度。腔体底部设置有水冷基片台，保

图 2　微波谐振腔体外观

证生长过程中金刚石温度的稳定性，基片台可以沿着纵轴进行升降，改变腔体内部的容积来实现调谐功能。基片台具有旋转功能，保证样品生长过程中温度和物质基团浓度的均匀性。与现有 MPCVD 腔体相比，该装置为圆柱结构，具有结构简单、便于加工、真空度好、适用于高功率使用的特点。

通过氦气检漏测试发现，腔体的泄漏率为 $1×10^{-8}Pa \cdot m^3 \cdot s^{-1}$，说明开发的 MPCVD 具有良好的密封性，设备能够有效阻止外部气体杂质泄漏入谐振腔体内部，影响金刚石的生长，为高纯度高质量金刚石生长提供设备支撑。

四、金刚石生长试验

实验使用 5 片 $8×8×1mm^3$ 的衬底，在生长之前分别使用丙酮、酒精和去离子水超声清洗 15min，然后使用洁净氮气吹干，并将金刚石样品放入基片坑内进行生长。表 1 为金刚石样品生长工艺参数，生长功率为 6kW，生长压力 185mbar，甲烷浓度控制在 5%，生长温度 1000℃，生长时间 64h，使用螺旋测微器测量金刚石生长厚度，拉曼光谱仪对金刚石的生长质量进行表征。

表 1   金刚石生长工艺参数

序号	CH_4(sccm)	H_2(sccm)	温度(℃)	生长时间(h)	生长速率($\mu m/h$)
#1					14.13
#2					13.76
#3	10	200	1000	64	13.86
#4					13.81
#5					13.75

样品的排布按照将#1 样品放在基片台中心，#2~#5 样品均匀放置在四周的方式进行。生长后的样品表面都很平坦，表面没有生长丘和多晶物质存在，四周多晶也得到了有效的抑制，基本没有多晶出现，说明谐振腔体内部电场和物质基团浓度在样品表面分布比较均匀，没有在样品四周形成电场集中。对厚度测量后发现，#1 样品生长速率最快，达到 14.13$\mu m/h$，周围四个样品生长速率稍慢于中心样品，速率在 13.75~13.86$\mu m/h$ 的区间内变化，可能与中心位置等离子体密度略高于四周有关。生长最慢的#5 样品与最快的#1 样品之间的速率差为 2.7%，四周样品之间的生长速率也非常接近，生长速率差别仅为 0.8%。图 3 为金刚石生长以后的拉曼光谱，测试结果表明，所有的样品均在 1332.5cm^{-1} 处存在一个很强的金刚石峰位，1350cm^{-1} 附近未发现非晶碳的峰位(D 峰)，1580cm^{-1} 处也未出现石墨峰位(G 峰)，说明生长的金刚石样品纯度都比较高，样品#1-#4 的拉曼位移半

高宽为 2.1cm^{-1}，#5 样品拉曼位移半高宽为 2.2cm^{-1}，中心和边缘样品均呈现出较高且均匀的结晶质量。说明开发的 MPCVD 装置可以在高功率、高压力条件下进行金刚石高品质生长。

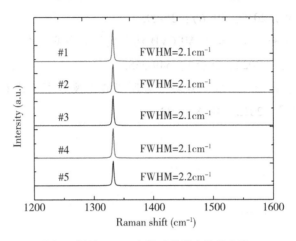

图 3　样品#1~#5 生长后的激光拉曼光谱

五、结论

根据 MPCVD 装备设计的原则，研制了一种新型圆柱形 MPCVD 装备，该装备由七个子系统组成。谐振腔体采用圆柱形对称结构设计，具有较强的电场聚集能力，便于在基片台上方产生高浓度的等离子体。石英环安装位置远离等离子体产生区域，有效避免了石英环的刻蚀，双层密封圈结构保证了腔体密封的可靠性，提高了生长金刚石的纯度。水平进气方式，提高了气体解离效率，保证了金刚石的生长速率。使用该装置在功率 6kW 和压力 185mbar 条件下进行了金刚石的生长实验，最快沉积速率达到 14.13μm/h，样品之间速率不均匀性<3%，拉曼位移半高宽约为 2.1cm^{-1}。测试结果显示，开发的新型 MPCVD 装置可以在高功率高压力条件下实现高质量金刚石薄膜的均匀快速沉积。

◎ 参考文献

[1]吕反修，唐伟忠，李成明，等．大面积光学级金刚石自支撑膜研究进展[J]．红外技术，2003，25(4)：1-7．

[2]毛梦媛，杨志军．高温高压合成金刚石的机理、工艺及特征研究[J]．超硬材料工程，2021，33(5)：15-24．

[3]王志文，马红安，陈良超，等．硼协同掺杂金刚石单晶的高温高压合成[J]．人工晶体

学报，2022，51（5）：830-840.

[4] 刘鲁生，翟朝峰，杨兵，等. 金刚石薄膜连续制备的热丝化学气相沉积设备研制[J].
真空，2020，57（6）：1-4.

[5] 崔玉明，李国华，姜龙. 直流电弧等离子体喷射法制备金刚石涂层拉拔模具[J]. 金刚
石与磨料磨具工程，2019，39（6）：25-29.

[6] 张帅，安康，杨志亮，等. 新型 MPCVD 沉积模式制备高均匀性的 D100mm 金刚石薄
膜[J]. 真空与低温，2022，28（5）：549-555.

[7] 唐伟忠，于盛旺，范朋伟，等. 高品质金刚石膜微波等离子体 CVD 技术的发展现状
[J]. 中国材料进展，2012，31（8）：33-39.

依托公共实践平台的项目式创新实践教学模式探索

李　敏

摘要：分析全国普通高校学科竞赛目录赛事对参赛学生竞赛能力的共性需求，综合校级公共实践平台和科创社团对大学生参与创新实践的支撑作用，基于学科竞赛驱动车赛项和项目式教学理念，设计了一种项目式创新实践教学模式，旨在充分发挥校级公共平台培养工程应用型创新人才的作用。从教学目标、教学设计、教学实施三个方面对本项目式创新实践教学模式进行阐述，并其实施效果进行分析和总结。实践结果表明本项目式创新实践教学模式充分发挥了公共实践平台和科创社团的条件优势，明显提高了二者在本科生创新实践能力培养方面的成效，对实践教学改革有参考意义。

关键词：公共实践平台；学科竞赛；科创社团；项目式；实践教学

在"新工科"背景下，全国高校积极实施教育改革，旨在培养社会发展急需的实践型、创新型和综合型人才[1][2][3][4][5][6]。然而，高校学科竞赛作为面向在校学生的群众性科技创新实践活动，与创新性教育紧密关联，是培养和提升大学生实践能力、创新意识以及综合素质的有效环节，在高校创新人才培养发挥着重要作用[7]。

引导和训练学生参加学科竞赛已成为高校践行"以赛促教、以赛促学、以赛促改、以赛促建"理念的重要方式。《2023 全国普通高校大学生竞赛分析报告》竞赛目录上榜赛事已达 84 项[8]，且处于逐年增加的趋势，竞赛项目同质化明显。面对种类繁多的学科竞赛，各高校多采用以学院为单位的分布式竞赛训练方式，将备赛工作化整为零。但此种方式存在备赛信息共享渠道不畅通、备赛软硬件条件差异明显、优质师资力量利用不充分、备赛训练同质化严重且分布零散等问题，不利于各高校竞赛资源的高效利用。

针对以上现状，本文综合国内先进的实践教学方法和学科竞赛实践训练模式，抽象出现有学科竞赛中对参赛学生具有共性的能力需求，依托校级公共实践平台，通过合理的项目设计，展开创新实践教学，为高校探索更优的创新实践教学模式提供参考。

一、武汉大学校级公共实践平台概况

武汉大学于 2016 年成立"大学生工程训练与创新实践中心"（以下简称"工创中

作者简介：李敏，武汉大学大学生工程训练与创新实践中心。

心")[9]，该中心已成为培养学生工程实践能力为主要任务的实践教学中心，提供学生自主式学习和开展各类创新实践活动的开放平台，以及探讨多学科交叉融合、校企合作、协同育人的实践场所，是武汉大学的工程综合应用创新型人才培养重要营地。

工创中心通过开设"工程训练"系列公共基础课程，以及"3D创想体验""机械手工制作"等全校通识课程，以及面向各类学生团队开展第二课堂活动，全方位多维度地为武汉大学实践教学和创新创业活动提供保障。同时，武汉大学对竞赛目录上榜赛事进项立项支持，学生依托工创中心已成立多个科创社团，如工创社、WHUAI、电子创意俱乐部等，工创中心指导教师积极引导学生参与学校立项赛事，包括中国大学生工程实践与创新能力大赛、全国大学生机械创新设计大赛、全国大学生机器人大赛、中国机器人大赛、中国高校智能机器人创意大赛等10余项赛事，已建立相对成熟的"以赛促教""赛课融合"的创新实践教学模体系。

二、依托公共实践平台的项目式创新实践教学设计及实施

（一）项目式实践教学目标

学科竞赛是培养学生发现问题、提出问题、解决问题的重要手段；是培养学生团队合作精神、自主创新保护意识、语言表达文本撰写能力的重要途径；是学校实现人才培养目标、推动教学改革的重要举措[10]。引导和训练学生参加学科竞赛是各高校人才培养中的重要环节。各高校学生围绕大赛主题进行拓展训练，且以竞技方式进行思维和技能的交流。此种方式可直接夯实学生专业技能，促进学生创新教育，且对学生团队协作、人生价值观及社会责任感的形成也颇有成效。根据分析《2023全国普通高校大学生竞赛分析报告》竞赛目录，初步将各学科竞赛对实物设计制作以及控制能力需求进行相关性分析，如表1所示。

表1　　　　大学生学科竞赛对实物设计制作以及控制能力需求的相关性统计

序号	相关性	竞赛名称	数量
1	主要	全国大学生机械创新设计大赛，全国大学生智能汽车竞赛，中国大学生工程实践与创新能力大赛，全国大学生机器人大赛，等等。	16
2	相关	蓝桥杯全国软件和信息技术专业人才大赛，全国大学生集成电路创新创业大赛，全国大学生水利创新设计大赛，全国大学生物联网设计竞赛，等等。	29
3	无关	全国大学生电子商务"创新、创意及创业"挑战赛，全国大学生市场调查与分析大赛，全国大学生生命科学竞赛（CULSC），"21世纪杯"全国英语演讲比赛，等等。	33

由表中统计数据可知，最新竞赛目录内，本科院校可参与的学科竞赛共 78 项，其中对实物设计制作与控制能力的要求为主要或有一定相关性的赛事共 35 项，超过总数的一半。因此，以培养学生实物设计制作与控制能力为主要培养目标，进行创新实践教学设计并运用到实践教学，是提升高校学生竞赛素养的重要方式。

(二) 项目式创新实践项目设计

本实践项目要求学生组成三人小组完成"工创赛车"的设计、制作与调试，最终进行测试比赛。"工创赛车"源自中国大学生工程实践与创新能力大赛，该赛事由教育部高等教育司主办，教育部高等学校工程训练教学指导委员会举办，其目标是培养服务制造强国的卓越工程技术后备人才，开启中国大学生工程实践与创新教育新征程。本项目的"工创赛车"是基于赛事版"驱动车"的原理，根据该实践项目的培养目标，结合工创中心的软硬件条件，进行创新设计而得来，其原理如图 1 所示，实物如图 2 所示。工创赛车项目流程见表 2。

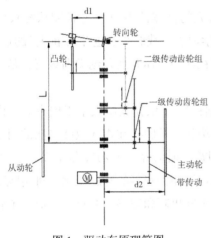

图 1　驱动车原理简图

图 2　训练营版工创赛车

表 2　　　　　　　　　　　　　　　　工创赛车项目流程

序号	项目流程		任务要求	理论学时	实践学时
1	工业软件应用	二维制图基础	绘制车轮	2	8
2	仪器设备使用	非金属激光切割机基本操作	加工车轮	2	2
3	工业软件应用	三维建模基础	绘制线轮	2	16
4	仪器设备操作	3D 打印机基本操作	制作线轮	2	2
5	理论培训	工创赛车原理及制作要求	整车设计建模	2	24
6	工业软件应用	数控加工编程软件基础	编制前叉刀路	2	4

续表

序号	项目流程		任务要求	理论学时	实践学时
7	仪器设备使用	数控机床基本操作	上机加工前叉	2	4
8	传感与控制	STM32入门	完成功能演示	14	18
9	集中实践	线上线下指导	整车制作与调试	2	32
10	项目考核	实物测试	完成比赛	2	2
学时合计				32	112

(三)实施

培养计划内的实践类课程通常存在如因面向对象相对固定、实验条件更新较慢、课程体系庞大等现状[11],难以满足现有学科竞赛种类多、技术更迭迅速、赛题变化快的发展需求,因此,以学科竞赛为导向的创新实践能力培养需要有更加灵活高效的教学组织方式。

大学生社团是学生依据自身兴趣,自发组成的群体性组织[12]。社团依托校级公共实践平台,引入合理的管理办法,以形成"自我学习、自我管理、老生带新生"的运行模式。借助校级公共实践平台优越的实验室条件,以社团为主体开展科创类训练营,是一种灵活高效的实践教学组织方式。

武汉大学学生工程实践创新社(简称"工创社")是依托武汉大学工创中心,由武汉大学多院系热爱创新实践的本科生自发组成的校级科创社团,在指导教师团队的引导下,主要以"老带新"的方式每年组织本科生参加工创赛车训练营,从2021年至今,已举办三届。工创赛车训练营每年根据各类实物设计制作与控制相关赛事的赛题变化,对实践项目方案进行更新,同时,通过合理的实时反馈机制,不断更新和完善学习资料,形成了较成熟的项目式创新实践能力训练模式。

三、实施效果及反思

(一)实施效果

(1)项目式实践教学模式激发了学生的主观能动性,"传帮带"效应凸显。

项目式实践教学模式使得学生有了明确的项目目标[13],辅以针对性和系统性的技术指导资料,结合社团"老带新"的运行模式和指导老师团队的实时跟进,训练营成员可以充分发挥自主学习能力,高效地完成训练项目。高质量的"老带新"形成良性循环,推动项目教学资料的不断更迭和完善,同时,新成员磨砺成老成员之后进一步加强了指导队伍的力量,显著提升了社团科创训练营的容纳能力。三年来,工创赛车训练营从50人扩充至100

余人，参与学生以每年增加50%的速度增长，专业覆盖面也显著扩大。

（2）依托实验室开放共享开展训练营，进一步提高了实训设备利用率。

工创赛车训练营以集中引导、灵活实践的方式较大程度地利用了学生的零散的课余时间，工创中心的数控加工实验室，按照教学计划，每年大约有近一半时间处于关机状态。受实验室环境影响以及机械设备自身特点，设备开机使用间隔太长会导致每次上课前的维护工作量较大，也影响设备的使用寿命。开设工创赛车训练营之后，数控加工实验室大部分数控设备停机间隔时间缩短约50%，课前准备时间也大幅缩短，运行状况长期维持在理想水平。

（3）参与学生体现出较强的创新实践能力，在学科竞赛中获得优异成绩。

工创赛车训练营以项目式创新实践教学模式大幅提升了学生参与创新实践的积极性，帮助学生在实物设计制作与控制技术能力方面打好基础，能较好地完成各类实物作品类学科竞赛。训练营学生积极参加各项学科竞赛：2021年在第七届中国大学生工程实践与创新能力大赛热能车赛项中获得全国金奖(见图3)；2022年在第十届全国大学生机械创新设计大赛中获得全国一等奖(见图4)。

图3　热能驱动车

图4　全自动植树车

（二）总结与反思

工创赛车训练营在培训培养学生创新实践能力上成效显著，但经过总结和反思，该模式依然存在一些问题，有待进一步探索解决：

（1）本训练营项目式训练偏重工程技术能力应用，对讲演能力涉及较少。

实物制作类竞赛大多为团队赛事，且要求对实物作品进行讲解和演示，而工科生面对实物类竞赛，几乎将全部精力集中在功能实现和技术迭代上，难以分心进行讲演能力的训练，在比赛讲演环节比较劣势。本实践项目虽然设置了项目最后的总结与回顾大会，但对学生讲演能力的训练效果非常有限。同时，在实际备赛过程中，实物设计与制作部分的工作和控制调试部分的工作在不同的比赛上有不同的侧重，为充分备赛，通常机械和控制部分分工完成效果较好，但学生面对本实践项目，暂无法按侧重进行分类训练。因此，本实践项目在竞赛综合能力训练方面仍需不断探索，寻求更合理的实践教学模式。

（2）社团学生的"传帮带"促进了参训规模的扩充，却难以保证指导团队整体水平。

社团学生参加社团活动通常持续1~2年，而且流动性较大[15]，他们成长为老队员后，加入指导团队指导，由于积累不足或认知不够，难以保证提供较高的指导水平。当参训学生规模扩充后，整体的训练质量相比教师团队直接指导会有所降低。因此，如何留住老营员进一步积累经验，以帮助教师团队指导新营员，也是今后需要总结提升的方向。

四、结语

以科创社团为主体，依托校级公共实践平台实验室开放等有利条件，进行项目式创新实践教学设计优势明显：一方面，项目设计紧跟学科竞赛共性需求，不断优化改进，保证了训练成果的针对性和时效性；另一方面，调动了学生的自主能力，充分挖掘了学生零散时间，更在一定程度上解决了实验室设备利用率不高的问题。将科创社团和校级公共实践平台进行优势互补，提升了实践教学效果，帮助学生在学科竞赛等创新实践活动中取得优异成绩。

◎ 参考文献

[1]钟登华. 新工科建设的内涵与行动[J]. 高等工程教育研究，2017(3)：1-6.

[2]叶晓勤. 新工科背景下工程训练中心创新人才培养探究[J]. 实验技术与管理，2019，36(12)：274-277.

[3]胡波，冯辉，韩伟力，等. 加快新工科建设，推进工程教育改革创新——"综合性高校工程教育发展战略研讨会"综述[J]. 复旦教育论坛，2017，15(2)：20-27.

[4]林健. 面向未来的中国新工科建设[J]. 清华大学教育研究，2017，38(2)：26-35.

[5]钟登华. 新工科建设的内涵与行动[J]. 高等工程教育研究，2017(3)：1-6.

[6]李艾民，田丰，张有忠，等. 机械工程专业基于实践创新能力培养的综合实验教学改革[J]. 实验技术与管理，2021，38(6)：230-232.

[7]李双寿，张晓晖，胡庆夕，等. 面向新工科的工程实践与创新能力竞赛平台构建[J]. 实验技术与管理，2023，40(1)：185-190，202.

[8]中国高等教育学会.《2023全国普通高校大学生竞赛分析报告》竞赛目录[EB/OL].[2023-03-21]. https://www.cahe.edu.cn/site/content/16011.html.

[9]石端伟，廖冬梅，王忠华，等. 综合性大学工程训练与创新实践教学体系研究与应用[J]. 实验技术与管理，2019，36(7)：201-205.

［10］顾涵，钱斌，张惠国，等．基于学科竞赛的应用型本科院校创新能力培养模式探索与实践［J］．实验室研究与探索，2019，38（8）：213-215．

［11］淮旭国，刘健，贾文军，等．基于创新创业能力培养的机械创新设计与实践课程研究［J］．实验技术与管理，2017，34（6）：168-171．

［12］卢孔宝，段震华，周昌全．学科竞赛与省级实验教学示范中心深度融合的探索与实践［J］．实验室研究与探索，2023，42（6）：150-154．

［13］许敬，董德礼，冷春涛，等．依托工科平台的开放创新式项目实践模式探索［J］．实验室研究与探索，2023，42（2）：249-252，257．

［14］仝月荣，肖雄子彦，张执南，等．产教深度融合背景下项目式教学模式探析［J］．实验室研究与探索，2021，40（7）：185-189．

［15］罗梓超，张婧，刘彦君，等．高校科技创新型社团发展问题及解决对策——基于"全国高校百强学生社团"的样本数据分析［J］．中国高校科技，2023（7）：55-59．

［16］汪艳霞，程良宏．高校学生社团发展的路径探究：AGIL 模型的视角［J］．教育理论与实践，2022，42（15）：7-11．

实验室建设

经济管理类虚拟仿真实验教学资源的建设和发展

徐晓辉　王恒丽　兰　草

摘要：针对国内虚拟仿真实验教学资源开发的现状，首先对已获批的国家级虚拟仿真实验教学一流课程建设现状进行分析，然后以首批国家级经济管理类虚拟仿真实验教学课程建设为例，分析了国内经济管理类虚拟仿真实验教学资源的建设现状、特色、内容、应用和存在问题，探讨了发挥虚拟仿真实验在经济管理类专业教学中的优势并提出提高实验教学资源建设质量的建议。

关键词：经济管理；虚拟仿真实验教学；资源建设

随着高等教育的发展和信息技术革新速度变快，高等教育信息化建设是我国当下发展高等教育的重点方向。而虚拟仿真实验教学是高等教育信息化跟上时代和社会发展步伐，与时俱进的必要前提和重要内容[1]。

2013年起，我国教育部就开启了高校虚拟仿真教育的重要进程，虚拟仿真实验教学中心正式启动。2013—2015年，我国先后建立了300个国家级虚拟仿真实验教学中心，推动我国高等教育信息化的革新和信息化建设[2][3]。

2017年，为了推动高等教育实验教学资源的有效利用和开放互享，我国推行示范性虚拟仿真教学实验项目建设，计划在2017—2019年分批形成1000个全国示范性的高校信息化教学项目，以推动全国范围内的高校信息化虚拟仿真实验教学项目的建设[4]。

2018年我国认定了105个虚拟仿真实验教学项目，2019年我国认定了296个项目，2020年认定了327个国家虚拟仿真实验教学一流课程。自此，虚拟仿真教学工作从虚拟仿真实验教学中心建设转为虚拟仿真实验教学课程建设，推动全面实施。从局部虚拟仿真应用共享资源利用推广到大规模在线开发虚拟仿真资源共享利用。这反映了我国高校虚拟仿真教学发展的迫切需求和高校信息化建设中实验教学资源高效利用和共享开发应用的重要意义。

虚拟仿真技术融入实验教学中是拓宽拓深实验教学的必经途径，2020年全国虚拟仿真实验教学一流课程有327项，这代表了中国虚拟仿真课程建设的高水平，其中经管类课程

作者简历：徐晓辉，硕士，高级实验师，主要研究方向为实验教学研究与实验室建设管理。基金项目：2020年武汉大学本科实验教学中心开放实验项目(项目编号：WHU-2020-XYKF-07)

通讯作者：兰草，硕士，实验师，主要研究方向为经济学和实验教学研究与实验室管理。

有 40 项，占年度总数(327 个)的 12.23%，这反映出经济管理类虚拟仿真实验教学形式日益受到重视，同时也反映出经济管理类虚拟仿真实验教学课程处于初始发展阶段。本文对 2018—2020 年全国虚拟仿真实验教学一流课程进行数据分析和内容剖析，并着重分析我国经济管理类虚拟仿真实验教学一流课程的建设现状和建设内容，为我国高等教育虚拟仿真课程实验教学课程进一步发展深化，推动资源共享提供参考。

一、虚拟仿真实验教学课程建设现状

2018 年教育部认定了首批 105 个虚拟仿真实验教学一流课程，2019 年公布了 2018 年度 296 项虚拟仿真实验教学一流课程，2019 年度全国有 139 个经济管理类虚拟仿真实验教学一流课程入围竞选 40 个国家级虚拟仿真实验教学课程。本文对首批和 2018 年度认定的 401 个以及 2019 年度认定的 327 个虚拟仿真实验教学一流课程建设现状进行分析。

表 1 列出了目前我们国家三批国家虚拟仿真实验教学一流课程认定高校所在的地域分布情况。在表中可以看出，前两批已经获批的 401 个国家虚拟仿真实验教学一流课程分布于全国 28 个省、直辖市、自治区。目前的数据来看江苏省的高校最多，其次为北京、广东、湖北、山东等省、直辖市的高校。就一流课程数量而言，分布于江苏、北京、广东、湖北等省、直辖市的课程比较多，而认定于甘肃、宁夏、新疆等省、自治区的一流课程比较少。

表 1　　　　　　　　　　认定一流课程所在高校的地域分布情况

省、自治区、直辖市	首批和 2018 年度一流课程数/个	2019 年度一流课程数/个	首批和 2018 年度一流课程数占比/%	2019 年度一流课程数占比/%
北京	33	30	8.23	9.17
上海	21	25	5.24	7.65
天津	15	11	3.74	3.36
重庆	9	14	2.24	4.28
河北	10	9	2.49	2.75
山西	5	5	1.25	1.53
辽宁	21	5	5.24	1.53
吉林	9	8	2.24	2.45
黑龙江	17	16	4.24	4.89
江苏	46	45	11.47	13.76
浙江	19	8	4.74	2.45
安徽	6	18	1.50	5.50
福建	16	6	3.99	1.83

省、自治区、直辖市	首批和 2018 年度一流课程数/个	2019 年度一流课程数/个	首批和 2018 年度一流课程数占比/%	2019 年度一流课程数占比/%
江西	4	13	1.00	3.98
山东	24	15	5.99	4.59
河南	16	17	3.99	5.20
湖南	16	15	3.99	4.59
湖北	25	18	6.23	5.50
广东	31	9	7.73	2.75
四川	13	3	3.24	0.92
贵州	3	2	0.75	0.61
云南	3	19	0.75	5.81
陕西	24	3	5.99	0.92
甘肃	2		0.50	0.00
宁夏	1		0.25	0.00
广西	4		1.00	0.00
内蒙古	5	5	1.25	1.53
新疆	3		0.75	0.00
海南		7	0.00	2.14
西藏		1	0.00	0.31
合计	401	327		

2019 年获批的 327 个国家虚拟仿真实验教学一流课程分布于全国 30 个省、自治区、直辖市，与前两批不同的是，西藏、海南在首批和 2018 年度中无一流课程认定，2019 年新增一流课程认定，而甘肃、宁夏和广西、新疆在 2019 年度并无一流课程认定。这三批国家虚拟仿真实验教学一流课程认定在区域上存在一定的共性，江苏、北京的高校最多，其次是上海、湖北、广东等地，就一流课程数量而言，分布于江苏、北京、湖北、广东等省、直辖市的一流课程较多，而认定于山西、广西、新疆、甘肃、宁夏等省、自治区的相对较少。首批和 2018 年度未获批立项的省、自治区主要是青海、海南和西藏，2019 年度未获批立项的省、自治区有甘肃、宁夏、广西、新疆、青海。

从表 1 课程地域分布来看，区域内存在明显的集聚现象，即我国东部和北部地区获批的一流课程较多，而我国中西部地区获批的较少。尤其京津地区、珠江三角洲地区和长江三角洲地区的高校被获批的虚拟仿真实验教学课程比较多，这或许与我国这些地区的经济比较发达，城市产业发展水平较高，以及相关高校重视程度高且具有先进的实验教学理念和投入建设资金较多有关。

根据目前三批的认定结果，多所高校被连续获批建设虚拟仿真实验教学一流课程，根据目前的统计结果，前两批认定的国家虚拟仿真实验教学一流课程共来自全国 215 所高校，2019 年认定的 327 项国家虚拟仿真实验教学一流课程来自全国 195 所高校。

将获批课程的高校按照办学类型和获批学科进行划分，统计发现，理工类院校、师范类院校和农林类院校的获批一流课程较多，这三类院校的获批一流课程总数占 327 个获批一流课程的 50.46%。双一流院校获批一流课程高于普通本科院校的获批一流课程，占 2019 年度获批一流课程的 57.80%。

将这些高校按照办学类型进行划分，表 2 给出了认定一流课程所在主要高校办学类型划分结果。由表 2 不难看出，理工类高校获批准的国家虚拟仿真实验教学一流课程数量最多，这一方面是由于高校理工类学科的实验教学内容与信息技术的融合度较高，因此高校理工类学科对虚拟仿真实验教学比较重视；另一方面也反映出高校文科类学科对实验教学建设的重视程度不够，理论教学和社会实践仍以传统方式为主。因此，期待在今后的虚拟仿真实验教学一流课程建设过程中，国家虚拟仿真教学一流课程立项能够获得比较均衡的发展。

表 2 　　　　　　　不同办学类型的获批一流课程（2019 年度）

院校	普通本科	"双一流"	总计
财经	12	3	15
军事	4	1	5
理工	28	61	89
民族	3		3
农林	16	17	33
师范	23	20	43
体育	1	3	4
医药	25	6	31
艺术	3	1	4
语言	1		1
政法	2		2
综合	20	77	97
总计	138	189	327

二、经济管理类国家虚拟仿真实验教学课程的建设现状

目前全国认定的国家虚拟仿真实验教学一流课程共计 818 项，2017 年度我国首批认定

了全国 91 所高校的 105 个虚拟仿真实验教学一流课程，2018 年度认定了 296 个虚拟仿真教学一流课程，2019 年度认定了 327 个国家虚拟仿真教学一流课程。

从分类上看，首批虚拟仿真实验教学一流课程被划分为 8 大类，主要集中于理工科教学课程中，2018 年度认定的一流课程类型增加到 23 类，新增了教育学、心理学、新闻传播等人文社会科学的一流课程类型，并将初始的 8 大类一流课程类型进一步细分。2019 年在 2018 年的基础上又增加了 4 类，并首次出现经济管理类虚拟仿真实验教学一流课程。从一流课程认定的分类变化上来看，我国高等教育发展越来越重视人文社会科学的发展，并且人文社会科学的发展也愈发重视实验教学课程的应用。

表 3 从专业上来看，经济管理类的国家虚拟仿真实验教学一流课程获批最多，有 40 项，占总获批一流课程的 12.23%，远超排名第二的基础医学类获批项。从获批一流课程的专业分布特征来看，理工科类获批一流课程总数多于人文社科获批一流课程总数。由表 3 可计算得出专业为理工学科方向的获批一流课程总数为 207 项，人文社科专业方向的一流课程立项总数为 120 项。

表3　　　　获批一流课程的专业分布特征（2019 年度）

专 业	普通本科	"双一流"	总计
兵器类	4	6	10
电气学类	4	11	15
动物类	6	9	15
法学类	1	6	7
法医学类	2	3	5
公共卫生与预防医学类	5	2	7
航空航天类	2	3	5
化学类	7	13	20
基础医学类	15	10	25
建筑类	2	8	10
教育学类	2	3	5
经济管理类	25	15	40
矿业类	1	9	10
历史学类	4	5	9
林业工程类	2	3	5
马克思主义理论类	2	3	5
农业工程类	3	2	5
体育学类	4	6	10

续表

专 业	普通本科	"双一流"	总计
土木类	8	12	20
文学类	7	13	20
物理学类	4	11	15
医学技术类	2	3	5
艺术学类	12	12	24
植物类	5	10	15
中医类	7	3	10
自然保护与环境生态类	2	8	10
总计	138	189	327

(一)139 个经管类虚拟仿真实验教学一流课程申报内容分析

表 4 列出了 2019 年度 139 个入围的经管类国家虚拟仿真实验教学一流课程所在的地域分布情况。从表 4 可以看出,入围的这 139 个经管类国家虚拟仿真实验教学一流课程分布于全国 27 个省、自治区、直辖市,其中河南、北京、河北、湖北等省、直辖市的高校就一流课程数量而言,经管类国家虚拟仿真实验教学一流课程入围的最多。其次是江西、浙江、广东、江苏等省、直辖市的高校。而位于贵州、辽宁、内蒙古等省、自治区的入围一流课程较少,经管类虚拟仿真一流课程未入围的省、自治区有新疆、青海、西藏、海南等。

由此可见,从地域分布来看,经管类区域内存在明显的集聚现象,即东部地区和北部地区的一流课程较多,而中西部地区的较少。这同样也与这些地区的经济比较发达,城市产业发展水平较高,以及高校具有先进的实验教学理念和投入建设资金较多有关。

就校均申报一流课程数而言,江西、山西、四川、浙江、陕西、云南、北京的校均一流课程数较多,其中江西省和山西省是因为一所高校有多个一流课程入围,因此校均一流课程数较高。广东、江苏等 17 个省、自治区、直辖市的高校获批一流课程均为 1 个。

表 4　　　　　　　　　拟申报一流课程所在高校的地域分布情况

省份	一流课程数/个	高校数/个	一流课程数占比/%	校均一流课程数/个
安徽	3	3	2.16	1.09
北京	11	9	7.91	1.22
福建	2	2	1.44	1.13

省份	一流课程数/个	高校数/个	一流课程数占比/%	校均一流课程数/个
甘肃	3	3	2.16	1.14
广东	7	7	5.04	8.00
广西	5	5	3.60	1.33
贵州	2	2	1.44	1.00
河北	9	8	6.47	1.00
河南	12	11	8.63	1.00
黑龙江	3	3	2.16	1.00
湖北	8	7	5.76	1.50
湖南	3	3	2.16	1.00
吉林	6	6	4.32	1.00
江苏	7	7	5.04	1.33
江西	8	1	5.76	1.00
辽宁	2	2	1.44	1.33
内蒙古	1	1	0.72	1.00
宁夏	3	3	2.16	1.00
山东	6	6	4.32	1.00
山西	3	1	2.16	1.00
陕西	4	3	2.88	1.00
上海	5	5	3.60	1.00
四川	6	4	4.32	3.00
天津	4	4	2.88	1.00
云南	4	3	2.88	1.00
浙江	8	6	5.76	1.00
重庆	4	4	2.88	1.00
总计	139	119		1.09

2019 年拟申报的 139 个经管类国家虚拟仿真实验一流课程来自 119 所高校，根据高校办学层次（"双一流"高校、一般高校和独立学院），表 5 对目前入围的 139 个经管类一流课程在不同层次高校中的分布情况进行了分析。根据表 5 统计的结果，除"双一流"高校之外，许多一般层次大学也积极响应了国家虚拟仿真实验教学一流课程的建设工作。

表5 　　　　　　　　　认定一流课程所在高校类别和层次的统计结果

办学类型 \ 学校类型	独立学院		"双一流"高校		一般本科		总计	
	一流课程数	高校数	一流课程数	高校数	一流课程数	高校数	一流课程数	高校数
财经类			8	6	43	29	51	35
理工类			16	13	21	21	37	34
民族类					2	2	2	2
农林类					4	4	4	4
师范类			1	1	9	9	10	10
医科类					1	1	1	1
军事			1	1			1	1
艺术类			1	1			1	1
语言类					1	1	1	1
政法类			1	1	2	2	3	3
综合类	2	2	14	13	12	12	28	27
总计	2	2	42	36	95	81	139	119

从这三次申报的一流课程和2019年入围的一流课程来看，"双一流"高校中的一流课程较多，这进一步表明国家虚拟仿真实验教学一流课程在这类高校教育教学工作中备受重视。与此同时，分析结果表明在2018年度认定一流课程所在高校中，获得多个一流课程的"双一流"高校也比较多，可见国家级虚拟仿真实验教学中心与大学自身呈现聚类相关，即国家级虚拟仿真实验教学一流课程聚集于我国重点大学之中。

(二)经管类虚拟仿真实验教学课程的建设现状

从表6可以看出，在2019年公布的国家虚拟仿真实验教学一流课程认定结果中，经济管理类国家虚拟仿真实验教学一流课程有40项，其中江苏省获批的经管类虚拟仿真实验教学课程总数最多，占比为17.5%，其次是北京、河南省和浙江，占比均为10%。从地域分布来看，东南部地区获批一流课程较多，西部地区获批一流课程较少，在教育资源分配上呈现出较明显的东西部差异。

表6 　　　　　　经济管理类认定一流课程所在高校的地域分布情况

序号	省份	"双一流"高校	一般本科	总计	课程占比/%
1	江苏	3	4	7	17.50
2	北京	4		4	10.00

序号	省份	"双一流"高校	一般本科	总计	课程占比/%
3	河南		4	4	10.00
4	浙江		4	4	10.00
5	广东		3	3	7.50
6	湖北	1	2	3	7.50
7	山东	1	2	3	7.50
8	上海	2	1	3	7.50
9	四川	2		2	5.00
10	安徽		1	1	2.50
11	福建	1		1	2.50
12	广西		1	1	2.50
13	河北		1	1	2.50
14	黑龙江		1	1	2.50
15	湖南		1	1	2.50
16	陕西	1		1	2.50
17	总计	15	25	40	

从表 7 高校类型来看,一般本科获批一流课程总数高于"双一流"高校。2019 年度获批的 40 个经管类虚拟仿真实验教学课程,"双一流"高校获批 15 项,一般本科获批 25 项。从学科分布来看,由于是经管类虚拟仿真实验教学课程,财经类高校具有学科上的优势,占比较大,财经类院校获批 14 个一流课程,占比为 35%,其次是理工类院校,占比为 30%。

表 7 　　　　　　　　　**40 个经管类虚拟仿真实验教学课程学科分布**

办学类型 学校类型	"双一流"高校	一般本科	总计	占比/%
财经	3	11	14	35.00
理工	7	5	12	30.00
农林		1	1	2.50
师范		2	2	5.00
政法		1	1	2.50
综合	5	5	10	25.00
总计	15	25	40	

三、经管类虚仿课程的建设特点和内容分析

(一)经管类虚拟仿真实验教学课程建设特点分析

为了更直观地分析经管类虚拟仿真实验教学课程的建设特点,将40个经管类虚拟仿真实验教学课程内容通过分词处理,删除连接词和主题无关词汇,并将关键词频率以高频词云图形式展现,如图1所示。表8列出了部分高频关键词。

图 1 高频词云图

表 8 部分高频关键词

关键词	词频	关键词	词频	关键词	词频
仿真	37	仓储	2	系统	2
虚拟	32	优化	2	经营	2
实验	29	供应链	2	网络	2
课程	11	共享	2	设计	2
决策	8	创业	2	贸易	2
管理	8	商业银行	2	跨境	2
实验教学	6	数据	2	一体化	1
运营	4	物流	2	事件	1
企业	3	现代	2	互联网	1
应急	3	电商	2	会计	1
智慧	3	监管	2	作业	1
金融	3	突发	2	供给	1

从图1和表8可以直观地发现经管类虚拟仿真实验教学课程的建设热点,管理、运

营、企业、应急、智慧、金融、仓储、供应链、共享、数据等是经管类研究领域较为热门的话题，也是时代发展急需结论的话题，这也说明虚拟仿真实验教学课程建设和内容设计要紧跟时代发展，融合时代发展潮流，把握最新发展需求，设计出迎合时代需求、学生需要、创意十足、极具吸引力的实验教学课程。

(二)经管类虚拟仿真实验教学课程建设内容分析

1. 依托办学优势展开特色虚拟资源建设

一流课程获批高校结合自身办学优势和学科特色，在经管类虚拟仿真教学实验一流课程建设上开展跨学科融合的特色虚拟资源建设。

在40个获批的经管类虚拟仿真教学实验一流课程中，财经类高校获批课程最多，一共有14个课程获批，占比35%。财经类高校的办学类型和优势学科与经济管理类关联性最强[5]。

中央财经大学《金融统计分析》实训平台依托财经类高校的优势学科，在不同专业层面和专业问题领域，结合时政热点，把握时代发展脉搏，以经济学、管理学、金融学等课程为基础，依托传统金融理论基础和学科优势，突出经济管理特色，并将博弈理论设计成游戏对抗模式，融合3D技术、VR技术、人工智能，集传统教学数据库和大数据为一体，寓教于乐，增加了学习的趣味性，与时代接轨，增强学习的实用性和时效性。

华北电力大学是中国的"电力黄埔"，华北电力大学电力经济管理国家级虚拟仿真实验教学中心的"电力市场交易决策虚拟仿真实验"一流课程依托华北电力大学的强势学科，依托电力行业真实数据和电力企业真实案例，紧跟电力改革前沿动态，构建虚拟仿真的电力市场交易中心，以互联网思维搭建组件式，参数化实验平台，让学生参与到电力市场交易中去，提高知识掌握能力和运用能力。同时该一流课程还服务于国内其他能源大学和电力行业[6]。

浙江农林大学依托学校优势学科资源，提出"种植业家庭农场经营决策虚拟仿真实验"，以绿源家庭农场为蓝本，通过3D虚拟仿真还原技术，等比缩短自然时间，将家庭农场搬进校园，以农作物生长规律为时间轴，让学生可以在课堂上熟悉农作物种植规律，体验家庭农产生产经营全过程，突破了农业生产周期长、季节性强、地域差异大等传统实践教学的局限。

华南农业大学依托学校的强势学科和农业资源构建"鱼菜共生智能农业经营虚拟仿真实验"，适应新农科发展需要，培养掌握农业技术知识的经济管理人才。通过虚拟仿真实验平台，可以让学生更好地了解农业环境，熟悉管理场景，反复多次进行农业经营管理决策训练，同时克服了实验对象特殊、实验环境缺乏、实验成本高昂、特色农业资源匮乏等传统农业实验教学的不足。

2. 结合所在地特有的产业优势搭建多元化虚拟仿真平台

经管类专业在教学过程中更偏重于理论知识的学习，学生缺乏深度实践训练，学校课程设置和人才培养方案往往与社会实际人才需求脱节。因此多样化的教学方法和教学手段，丰富的虚拟仿真实验和资源是经管类专业学生所急需的，学生通过现代信息技术在多场景、多方案的实验环境中模拟实践，虚拟互补教学局限。一些高校在搭建虚拟仿真实验平台时以真实数据为基础，充分发挥所在地的特色产业优势，结合产业资源解决产业发展过程中的实际问题。

南京财经大学管理学虚拟仿真实验一流课程针对粮食物流系统布局和运作危险性较大、周期长且不可逆的特点，依托江苏省江海粮油集团公司等数个物流网点的真实数据为数据库，构建任务驱动式、体验式的虚拟仿真一流课程，以真实的数据为依托，训练学生在动态环境下，自主设计评估粮食物流方案，自主调整优化方案。通过面向现代供应链的粮食物流系统布局与运作虚拟仿真实验平台，使得学生能体验式亲身参与到实际粮食物流体系布局和运作中，充分锻炼了学生的系统性思维和优化布局的能力，弥补了课堂教学中实践分析的不足[7]。

浙江工商大学电子商务虚拟仿真实验教学中心依托一流课程地域优势和专业优势建设了"电商小件商品快速拣货决策虚拟仿真实验"一流课程。该一流课程综合应用 3D 建模，VR 和语音识别等现代信息技术，构建现实教学中难以实现的电商小件商品快速拣货决策三维虚拟场景。

3. 针对周期长、成本高、现实实验难度系数高、实验内容不可逆等实验内容展开虚拟资源平台建设

"看不见的手"是市场经济中重要且基础的理论，然而在经济学理论学习和实践过程中，经济学模型构建的抽象性和数据可得的局限性，导致学生很难理解经济学模型的构建原理和运作原理。并且部分经济学模型的实践和模拟存在高昂的社会成本、现实实验难以实现、实验过程不可逆等特点，因此需要借助虚拟仿真平台，让学生置身其中，通过虚拟仿真资源了解经济决策和经济模型的运作，提高学生灵活运用经济学模型辅助决策的能力[8]。

浙江财经大学经济学虚拟仿真实验教学中心建设的"水价决策与激励性价格监管虚拟仿真实验教学"一流课程依托浙江财经大学管制经济学的学科特色和学科优势，依托城市公用事业政府监管模拟仿真实验室等平台，结合长期积累的水价、水量、水质、供水成本等特色数据资源，借助现代信息技术和可视化技术，通过人际互动等形式，使学生可以在虚拟环境中参与到水价决策过程，了解价格机制等经济学模型，弥补了水价决策和激励性价格监管等环节存在的高社会成本，现实实验难度高、实验结果不可逆等缺陷，帮助学生更好地了解价格模型。

区块链作为一种可广泛应用的新型分布式技术，目前已从技术探索进入产业应用阶段，区块链作为提供去中心能力的重要环节，为传统行业发展提供了巨大的空间。上海财经大学的"区块链金融虚拟仿真实验"一流课程基于区块链金融综合实验体系中的区块链虚拟仿真实验平台，开展区块链教学、科研、模拟、测试等活动。学生可以通过区块链虚拟仿真实验认识了解区块链技术，利用区块链平台开发智能合约，通过完整的使用平台开发相应的区块链项目，使得学生初步掌握区块链的开发技术。

4. 与实际应用相结合的虚拟仿真实验平台建设

河南财经政法大学经济管理实验教学中心依托经济管理学科优势以及经济管理虚拟仿真实验教学平台，以郑州航空港为原型，开发"国际航空货运出口通关虚拟仿真实验教学"一流课程。该一流课程通过三维虚拟漫游和可视化仿真技术重现真实场景和过程，实现人机多维信息交互，让学生置身航空港通关的工作场景和过程，自主学习并掌握航空货运出口通关所需的知识和节能。

电子科技大学建设的"智慧城市突发公共事件应急管理虚拟仿真实验"一流课程对自然灾害、公共突发卫生事件、事故灾难等城市突发公共卫生事件进行虚拟仿真模拟，在虚拟仿真模拟实验中，通过沙盘演练的方式让学生以现场指挥的视角体验智慧城市突发公共事件的应急管理流程和结果。

四、存在的问题

随着我国现代信息技术和虚拟仿真技术在高校教学中的广泛应用，经济与管理学科实验教学手段也发生了巨大的变化。这些新技术的应用一定程度上弥补了传统教学中重理论轻实践的局限，帮助学生更充分理解经济管理学科，寓教于乐。但是经济管理类国家虚拟仿真实验教学一流课程的应用与高校人才培养目标和社会人才需求之间仍存在可以进一步提升的空间，具体表现在以下几个方面：

(1)虚拟仿真平台建设的现代信息技术使用不充分，现代信息技术与传统教学之间的融合不够，使得虚拟仿真技术停留在表面；

(2)虚拟仿真课程内容设计以及对传统教学的衍生和拓展不够深入；

(3)虚拟仿真实验平台建设的评价体系单一，不能多维度进行评价考核[9]；

(4)虚拟仿真实验平台的产学研结合程度和课程的落地实施情况有待提升[10]。

五、结语

经济与管理学科是实践性很强的学科，由于学科本身具有教学内容抽象性和实践运用复杂性双重特征，经济管理类虚拟仿真实验教学资源的建设必须坚持"能实不虚，虚实结合"的原则，并在开发应用中不断改进和完善[11]。围绕国家级虚拟仿真实验教学课程的评审指标，提出如下提高课程建设质量的建议。

(一)完善国家级虚拟仿真实验教学课程的顶层设计

首批入围的139个经济管理类一流课程由于是各省根据分配的名额进行申报，前期无法进行有效的沟通,部分申报题目相似度很高,存在重复建设的问题。未来需要在教育部引领和"虚拟仿真实验教学创新联盟"推动下,进行全面引导和布局,尽快建立和完善经济管理类虚拟仿真实验教学体系,有效避免资源建设的重复,提高虚拟仿真实验教学资源建设的水平和质量,推动课程的可持续改进与发展。

(二)与现代信息技术紧密结合,博采众长,创新实现实验教学的价值

推进大数据、人工智能等现代技术与虚拟仿真的结合与应用创新,不断提升虚拟仿真课程建设的技术水平和质量水平,为学生提供最佳观感和沉浸体验,结合最新教学方法和学习理论,帮助学生完成潜移默化的知识学习和内化,实现技能和综合素质的双提升。

(三)坚持"两性一度"的建设标准,进行内容设计

课程内容设计应紧密结合经济管理学科教学知识点,注重科研反哺教学,注重新文科交叉融合,保证虚拟仿真实验教学资源的可持续性。另外,设计内容还应围绕新时代、新理念、新格局,围绕社会发展和经济发展的重要问题,应用先进的分析工具与方法,拓展和开发综合性实验,同时将实验教学与课程思政进行有机结合,持续推进课程体系建设。

(四)不断强化共享应用,推进共享评价技术体系的完善

推动经济管理类虚拟仿真实验教学资源的共享应用,建立虚拟仿真实验教学一流课程在教学实践与效果、服务质量、内容建设等方面的共享评价技术体系,建立开放共享的协同机制,比如激励机制、利益分配机制等,防范开放共享产生的风险等,充分发挥虚拟仿真实验教学资源的共享辐射作用。

(五)积极推进虚拟仿真实验教学课程慕课化

运用动机激励的教学方法,建立综合性考核模式,以培养学生能力为最终目的,实验过程全部记录、实验可重复、实验报告可导出,促进和实现慕课教学与虚拟仿真教学的良好结合,将虚拟仿真实验教学课程向其他学校推广,促进虚拟仿真实验教学课程的开放共享。

◎ **参考文献**

[1]王瑞娟,印志鸿.基于微课的翻转课堂在任务驱动式实践教学中的应用[J].现代教育管理,2017(12):85-89.

[2]刘秀清,葛文庆,焦学健,等.国家级虚拟仿真实验教学中心建设与管理[J].实验技术与管理,2018,35(11):225-233.

[3]教育部高等教育司.关于开展国家级虚拟仿真实验教学中心建设工作的通知:高教司

函〔2013〕94 号〔EB/OL〕. (2013-08-13). http：//old. moe. gov. cn/publicfiles/business/ htmlfiles/moe/s7946/201308/156121. html.

[4]教育部办公厅. 关于 2017—2020 年开展示范性虚拟仿真实验教学项目建设的通知：教 高厅〔2017〕4 号〔EB/OL〕. (2017-07-11). http：//www. moe. gov. cn/srcsite/A08/s7945/ s7946/201707/t20170721_309819. html.

[5]白延虎，罗建利. 经管类虚拟仿真实验教学项目申报热点分析[J]. 实验技术与管理， 2020，37(8)：149-153.

[6]迟晓春，康智慧，张汉壮. 电的产生及传输原理虚拟仿真实验设计[J]. 实验技术与管 理，2021，38(7)：147-150，160.

[7]王东浩，王世强，孙燕，等. 生物类虚拟仿真实验教学分析和探讨——基于国家虚 拟仿真实验教学项目共享平台数据分析[J]. 实验技术与管理，2021，38(7)：151-155.

[8]姚永玲. 应用经济学实验教学如何既仿真又虚拟[J]. 实验技术与管理，2021，38(5)： 10-14，25.

[9]王堃. 大数据背景下的虚拟仿真实验在经管类教学中的构建研究[J]. 中国多媒体与网 络教学学报(上旬刊)，2021(5)：85-87.

[10]张红涛，陈露露，谭联，等. 虚拟仿真类实验教学资源省际高校共建共享的研究[J]. 实验技术与管理，2021，38(5)：26-28.

[11]多科性大学经济管理类虚拟仿真实验教学中心的建设与实践[J]. 当代教育实践与教 学研究，2020(7)：110-112.

高校实验技术队伍建设的现状与对策探析

肖娴娴

摘要：实验教学是高校教学的重要环节，是实践育人的重要载体，实验技术队伍是高校师资的重要组成部分，在人才培养、科学研究、社会服务、文化传承中发挥着重要作用。根据我国高校实验技术队伍建设现状和存在的问题，建议加强高校顶层设计，增强实验技术岗位的职业认可，加大人才引育力度，打造一支高质量实验技术队伍，完善考核晋升机制，激发实验技术人员的作用发挥，为高校发展贡献力量。

关键词：高校；实验技术队伍建设；现状；对策分析

一、高校实验技术队伍的重要性

(一) 师资队伍的重要组成部分

实验教学是课程教学的重要环节，在人才培养中发挥着与课堂教学一样甚至更为重要的作用，是课堂理论知识的必要延伸，是理论与实践相结合的有效载体。实验室的建设水平在很大程度上反映出一所大学的水平，实验室的作用发挥情况在很大程度上影响一所大学的人才培养、科学研究和社会服务工作，而实验技术队伍是决定实验室建设水平的决定性因素。因此，实验技术队伍作为高校师资的重要组成部分，在大学的建设和发展地位举足轻重。

(二) 实践育人的重要承担主体

实践育人作为党的教育方针的主要内容，是指导我国教育改革的重要依据。实践育人致力于让学生在真实世界中解决真实问题，将学生的直接知识与间接知识结合起来，培养学生的动手实践能力，真正做到理论联系实际、知行合一。实验技术队伍除了在面向广大学生的实验课教学中，通过实验指导、讲解、操作等方式让学生更透彻地理解、更全面地巩固理论知识和提高实践动手能力外，还在学生的创新实验中对学生进行启发和指导，在

作者简介：肖娴娴，武汉大学工学部土木建筑工程学院。

实验中发现和解决问题，培养学生的思考能力、创新意识和解决实际问题的能力。同时，实验技术队伍还承担着教师科研工作的支持、大学生专业教育、大学生思想政治教育等工作，是与学生接触最为密切的群体之一，在育人工作中发挥了重要作用。

(三)实验平台的重要建设力量

随着高校的不断发展，目前各高校越来越重视实验条件的投入和改善，实验场地越来越多、越来越大，实验设备越来越高端先进，而高校实验平台的建设除了场地和硬件设施外，更重要的是软环境建设，包括实验室发展规划、制度建设、日常管理、开放共享、实验安全，等等。实验平台的规划合理、管理规范、运行顺畅，实验技术队伍专业、敬业、投入，实验环境安全有序，学生的指导培养才会有成效，教师的科学研究才能得到有效支持，高校的发展才会全面稳健。而这些都必须依靠实验技术队伍来保障。

二、高校实验技术队伍建设现状

近些年来，实验技术队伍的建设越来越受到各级领导的重视，在实验技术队伍专业化和职业化上开展了一些工作，在岗位设置、考核评价、职业发展等方面得到了一些改进，然而仍然存在不少现实问题。

(一)定位不科学，岗位认可度不高

高校实验技术队伍从事实验教学、学生创新指导、教师科研支持、实验设备管理、实验室建设等工作，这些工作在高校的中心工作中是非常重要的环节，特别是理工类专业，除了课堂理论教学外，必须设置相应的实验和实践教学环节。虽然近些年，实验技术队伍建设日益受到重视，但是无论哪种类型的实验技术岗位，大多数高校还是将其定位为辅助岗位，主要任务是为教学和科研工作提供辅助支持。同时，实验教学大纲较为陈旧、内容相对固定、方式较为老套，形成了对实验技术队伍工作重复性高、技术含量低、创新能力不强的偏见，实验技术人员工作环境差、职称晋升难、薪酬待遇低、价值发挥不明显，自身和外界岗位认可度均不高，导致实验技术队伍的积极性和主动性不高，除了教学和科研辅助工作外，在实验教学和实践项目更新、实验教学改革、实验教学和技术研究、自主研发实验教学仪器设备、实验教材出版、社会服务等方面较少有突出成绩。

(二)结构不合理，总体水平欠佳

过去由于对实验技术队伍的不重视，对实验技术人员的引进要求并不高，甚至将无法胜任其他岗位的人员调整到实验技术岗位，导致相对老资历的实验技术人员在学历层次、专业技能、创新研究等方面存在短板，近些年虽然随着实验室工作逐步受到重视，提高了实验技术人员的引进要求，但实验人员总体水平和技能不太理想。前些年，大部分高校对

实验技术人员的编制实行总量控制，实验技术队伍更新很慢或者处于停滞状态，因此实验技术队伍年龄结构不合理，呈现"断档"现象，老的和年轻的实验技术人员相对较多，中坚力量不足，近几年开始为实验技术队伍补充高学历高水平人才，但名额紧张，队伍补充难度较大。随着高校科学研究能力的提高和科学研究职能的凸显，实验室的功能已不再局限于实验教学和科研辅助，而应向承担实验教学、科学研究、社会服务和技术创新的重要基地发展，而现有的实验技术队伍显然无法满足这个趋势的发展要求。

（三）前景不明朗，职业发展受限

大部分高校未建立实验技术队伍的职业规划和系统培训机制，实验技术人员的职业发展目标如何，实验技术人员应着力提升哪些能力和素质，很多实验技术人员处于不太清晰的状态。其他队伍有较为成熟系统的培训体系，教师有入职培训、教学竞赛、学术交流、出国访学，还有老带新制度、听课制度、团队成员间的帮助等，管理队伍也有定期的政治学习、业务培训、职业技能竞赛、专题交流等，而实验技术人员除了笼统的入职培训、实验室安全内容等培训外，其他的业务培训少之又少，主要靠实验人员之间的传授和交流，缺乏权威性和系统性。在实验技术人员的职称晋升中，实验教学、实验室管理等只是参加评审的基本条件，更加注重研究论文、发明专利、科研获奖、仪器研制等方面取得的成绩，为了在职称竞争中胜出，有的实验技术人员将主要精力放在开展研究工作上，教学工作承担不多或效果不理想，承担较多实验室工作的人员则在研究工作上较少有成果产出。另外，对于很多课程而言，实验教学环节是课程教学的一部分，并没有单独学分，在教务系统中也没有直观显示，很多实验室工作也较难量化，"多劳多得"在实验技术队伍中体现得不够充分。由此，实验技术人员对未来前景信心不足，职业发展提升也较为困难。

三、加强高校实验技术队伍建设的对策

（一）加强高校顶层设计，增强实验技术岗位的职业认可

随着高校对实验室工作要求的提高，实验室在教学、科研、技术创新和仪器设备管理等方面发挥着越来越重要的作用，实验技术岗位对专业技术、管理能力、服务意识等综合能力和素质提出了更高要求，成为更为重要的综合性岗位。虽然近些年对于实验技术队伍的重视有所加强，但离让实验技术队伍发挥更大作用的目标还有不小差距，因此应该树立"大人才观"，除了教师队伍外，实验技术队伍也是人才队伍的重要组成部分，他们在各项工作中发挥着与教师队伍同等的作用，应不断更新对实验技术队伍的定位，提高这支队伍在高校中所处的地位，岗位职责上明确更高要求，职业发展上给予更高期待，薪酬待遇上减少与教师队伍之间的差距，建立与不同育人队伍岗位特点和职业发展相契合的用人机制，从内部和外部增强实验技术岗位的职业认可度，从源头上加强高校实验技术队伍

建设。

(二)加大人才引育力度，打造一支高质量实验技术队伍

实验技术岗位分为实验教学岗、大型设备管理岗和科研综合岗，当前实验教学岗的人员能满足日常的实验教学需求，而大型设备管理岗和科研综合岗的人员欠缺或空缺，实验室的大型设备管理和科研支持工作几乎都由承担实验教学的人员兼任，因此实验教学岗的人员工作量大且专业程度不高，还有的实验室设备管理或科研支持工作由聘用人员担任，无论是在学历层次、专业技能还是稳定程度方面都无法得到较好保证。因此在控制总量的前提下，高校应根据不同学科发展的需求，加大高层次高水平实验技术人才的引进力度，特别是大型设备管理岗和科研综合岗的人才引进，解决现有实验技术人员紧缺的问题。大多高校对实验技术人员重使用轻培养，不利于实验技术队伍的长远发展，应加强实验技术队伍的培育工作，开展针对新进实验技术人员的专项入职培训，围绕实验技术人员的岗位职责、工作方法、岗位考核、职业发展等内容，帮助新进实验技术人员正确定位、投入工作、积极进取。同时，在实验技术人员具体工作的实验室建立传帮带机制，使新入职的实验技术人员能够尽快进入工作角色，发挥教学指导委员会的监督促进作用，定期和不定期进到实验课堂听课，及时与授课实验技术人员沟通反馈，促进提高。组织和鼓励全体实验技术人员参加各类校内外培训、跨院跨校交流、内部专题学习，开展教师和实验技术人员的交流，寻求工作开展的契合点，选派优秀的实验技术人员出国出境访学交流，将好的做法和经验带回来，用于自身工作的改进和提高。在上述工作的基础上，不断增强实验技术队伍的积极性和主动性，提升实验技术队伍的业务能力和水平。

(三)完善考核晋升机制，激发实验技术人员的作用发挥

目前，实验技术队伍整体职称水平偏低，职称晋升较为困难，有不少实验技术人员特别是年纪较大的人员已放弃职称上的追求，对于本职教学工作投入不够，实验室管理方面的工作更是不愿意多承担，处于得过且过的状态；或者有的实验人员不重视实验教学，将精力更多地投入横向科研项目的开展中，偏离了主要岗位职责。现有实验专技的职称评审中，教学、实验室管理等只是基本条件，研究论文、发明专利、科研获奖、仪器研制等方面取得的成绩才是核心竞争力，这在一定程度上也会引导实验技术人员轻实验教学重业绩产出，不利于实验室工作的开展和作用的发挥。建议建立岗位为主、分层分类、综合量化的职称评价体系，根据实验人员的不同岗位类型，设置有侧重点的考核评价指标，如实验教学岗侧重实验教学工作量的承担、授课对象的评价、学生创新实践的指导等，大型仪器设备管理岗侧重仪器设备的绩效考核、共享收费、设备的管理现状等情况，科研综合岗则侧重科研项目开展、成果产出、科研获奖等，并且根据岗位职责的轻重设置不同考核板块的权重，本职工作外取得的成果和成绩作为加分项有所体现，使实验技术人员能够更加专注于本职工作，在此基础上扩展工作的外延，产出与本职工作密切联系的成果，让实验技

术人员看到职称晋升的希望。

　　高校实验技术队伍的建设是高校师资队伍建设的重要内容，对于高校的各项工作开展具有重要意义。只有不断增强实验技术岗位的职业认可、提升实验技术队伍的业务水平、畅通实验技术人员的晋升通道，才能够最大限度地激发这支队伍的积极性和创造力，为我国的高等教育贡献力量。

◎ 参考文献

[1] 林清强，谢秀俤，蔡钒，等 . 地方高校实验技术人员队伍的建设和管理[J]. 实验室研究与探索，2020，39(11)：4.

[2] 姚新转，吕立堂，董旋，等 . 探索实验室人员队伍的建设与管理方法[J]. 广州化工，2011，50(11).

[3] 舒心，贾思璠 . 新时代高校实验技术队伍建设的思考[J]. 化工管理，2022(25)：5-7.

[4] 胡颖 . 双一流高校实验技术队伍的建设与管理探究[J]. 实验室研究与探索，2020，39(9)：5.

[5] 李楠，库夭梅，李亚娟，等 . 高校实验技术人员的发展困境与对策研究[J]. 实验室科学，2022，25(3)：4.

[6] 张宽朝 . 从职称评审看高校实验技术队伍建设[J]. 实验技术与管理，2018，35(6)：5.

基于"新文科"背景探讨高校文科实验室
建设特点与前景

王　建　王　芬

　　摘要："新文科"背景下，我国高校文科实验室在建设期间，应用场景扩大、体系化设计的特点尤为突出。高校在文科实验室建设中，应该立足自身需求和外部需要，基于文科实验室在未来在丰富实验室建设内涵、创新实验室建设形式、规范实验室运行形式等发展趋势，给出可靠的规划，提高文科实验室建设工作的合理性。

　　关键词：新文科；高校文科实验室；建设内涵；建设形式

高校文科实验室有必要在新文科背景下，基于外部应用需要和自身持续发展需求，调整建设目标，编制更加可靠、合理的建设方案，由此为哲学社会科学的发展作出贡献。

一、文科实验室建设特点

(一)应用场景扩大

我国文科实验室在建设初期，将检验学科基础理论、模拟教学环境、研究社会发展问题作为重点关注事项，基于需求导向，初期出现的文科实验室多为沙盘演练、模拟法庭、多媒体教室等。在我国文科实验室发展中，应外界需求，应用场景不再局限于早期设定的服务范围，应用场景由最初的课堂向外扩张。在文科实验室应用场景不断外扩的过程中，其影响范围与关注面均出现递增的趋势[1]。

(二)体系化设计

整理我国高校文科实验室建设数据，建设模式主要有三种类型，致力于研究成功推广、研究能力提升；以提高教学质量提升为核心，打造综合性研究平台；依托学院或学校

作者简介：王建，武汉大学质量发展战略研究院。
王芬，武汉大学实验室与设备管理处。

建立的实验室,为专业领域服务。基于内部组织层面分析文科实验室建设工作,基于重复建设、学科壁垒等问题的处置需求,部分高校在文科实验室建设中,打造三级管理体制,立足学院中心实验室,向其余实验室辐射,实验室建设期间个性与共性的问题得到解决。

二、"新文科"背景下高校文科实验室发展前景

(一)丰富实验室建设内涵

1. 进一步提高实验教学质量

以"新文科"作为研究对象,需要从知识内容创新、知识空间选择、方法学路径改进等方面推进改革活动,由此对知识组织形式转型具有推动作用。新时期,文科实验室应该对学科交叉、人才培养、科研范式转型作出新的指示,同时给出相关工作的具体目标,促使相关工作具有相同的内在逻辑。文科实验教学在人才培养中存在短板,很难根据育人要求优化教学形式,培养出社会与企业需要的高质量复合型文科人才。实验室在课程体系建设中,应该将教学大纲、教学内容、教学方法、实验报告、教材建设等作为关注事项,做好实验教学在课程体系建设方面的工作[2]。

2. 促进学科交叉融合

科学知识体系整体化的特征明显,在新一轮科技革命、人文社会科学发展背景下,有必要坚持过往取得的成果,彰显学科特色,在模型推理、实证分析、实验研究、数据分析等方法下,为社会生活的各类判断与决策提供充足的数据,便于作出可靠的决策。建立具有多学科背景的研究团队,在文工、文理、文医等学科研究方法与内容交叉下,推动跨学科研究。在文科实验室建设中,有必要监测技术领域的发展情况,对新兴研究方向有较强的敏感度,跟踪神经网络、信息抽取、信息检索的发展,以求通过相关信息解决原有问题。

(二)创新实验室建设形式

文科实验室应用场景的辐射范围较广,从课堂教学一直到社会服务层面,最终形成当下的实验室结构。实验室在建设时,需要立足地区与国家等宏观层面进行分析,由此给出契合国家政策导向与社会需求的布局方案。不同实验室的用户对象、目标定位、组织管理有一定的差异,应该对相关要素进行分析,最终实现分类与分级协同,为实验室建设工作稳定推进奠定基础。

1. 分级建设

对于部分实验室,有必要向其投入充足的资源,以满足实验室的发展需求,比如具有通用性质、运用基础知识技能的实验室,此类实验室由学校进行管理,给出建设方案,做好仪器设备的管理工作,将仪器设备使用率提升到较高水平。建设实验室的过程中,有必

要根据科研和专业教学的具体需求，给出具体的建设方案，方案编制需要结合学校学科特点、院系真实情况等进行编制，提高方案内容的合理性。以分级方式推进实验室的建设工作，需要促进实验室分享、整合实验相关平台与设施的整合，借此提高实验室的整体价值。

2. 分类建设

分类建设对实验室特色发展、精准定位的实现有助推作用，可以体现出对理论教育的关注，同时为实践教育发展留出空间。我国重点实验室根据研究内容交叉性、综合性等特点，可以划分为两类实验室，其差别在于一类实验室以理论产出作为目标，另一类实验室以技术产出作为目标。在文科实验室建设中，有必要做好各类实验室的定位，确定相关实验室的特点，由此可以配置与之相协调的组织框架。对于不同学科的专业实验室，在标准化框架下，需要制定符合学科专业特点、适应学科发展需求的评价标准，完善评价结构，规范对不同学科专业成果的认定行为[3]。

(三) 规范实验室运行形式

从实验室组织运行维度进行分析，需要确定实验室建设的内循环路线和外循环路线，前者关注"课程-专业-学科"，后者重视"科研-政策-产业"，在两种建设发展路线下推进工作，提高实验室组织运行的整体水平。在实验室建设中，发展路线的相关机制与软硬件基础设施，均应该以具体的规范作为工作推进依据，围绕中台、规则库、系统架构、工具集、技术标准、制度等要素进行有效控制。在文科实验室建设规划中，配置与实验室工作诉求相协调的考核机制与激励模式，激发内部创新的积极性，成为实验室科研活动稳步推进的支撑。

1. 优化实验室内循环机制

实验室内循环机制建设的意义在于，统一学科建设、课程建设、专业建设。实验室教学成果和课程理论均需要为科研活动服务，出于科研活动的开展需求，以明确的思路和专业背景作为支持特色学科发展的支撑。实验室可以建立学科数据库，整理实验室在运行中的数据，同步推进学科建设与实验室建设。立足专业维度进行分析，需要统筹学科建设与人才培养的方向，做好专业结构体系的优化，细化实验室研究的方向。在此期间，专业领域应该根据实验室研究活动的诉求，对专业方向进行具化处理，实现精准对接，让专业建设能够为实验室研究服务。

2. 完善实验室外循环机制

实验室外循环力求加深政府、高校、企事业单位、科研院所等主体的联系，打造囊括产、学、研、用、政为一体的链条，避免出现单向发展的情况。在实验室建设中，加强实验室和企事业单位、政府等主体的联系，为学校内部人员培养争取条件和机会，同时可以为高中、社会群体带来课程设计与相关的项目。实验室在外循环的建设中，发起赛事、设备培训、项目实践、论坛等活动，实验室在社会中的影响力将会得到提升。在实验室外循环的建设中，对研究人员作出的成果会给予物质激励，促使科研人员投身在科学研究中。研究人员的成果会和政府等决策部门分享，为相关部门决策提供智力支撑。实验室在产业链条中，将数字技术作为连接各主体的手段，在社会层面实现资源的科学调度。比如在研究成果的使用中，以智慧司法推动法院精细化审判、诉服、执行、审判等活动，或借助文化数字化建设加快博物馆智慧导览的建设速度，文科实验室利用科研成果，可以为社会秩序维持、经济建设发展作出不小的贡献。

三、结语

科研院所和高等院校在改革中推出文科实验室，因产业革命的推动，促使文科实验室进入规模化、专业化的轨道。文科实验室的建设应该以人才培养、理论创新、社会服务、技术开发作为关注事项，以创新建设形式、丰富建设内涵、规范组织运行形式等手段，助推文科实验室建成内外循环，可以为社会建设与发展服务。

◎ 参考文献

[1]胡菲菲，张思思."新文科"背景下高校文科实验室建设特点与趋向[J].实验技术与管理，2023，40(1)：221-226.

[2]林丽，刘希.新文科背景下高校文科实验室师资队伍建设研究——基于 G 高校文科实验室队伍建设调查[J].才智，2021(29)：127-129.

[3]刘秀凤，刘莉.新文科背景下高校文科实验室建设的现状与策略[J].煤炭高等教育，2020，38(5)：49-52.

高校虚拟仿真实验教学资源建设的若干问题思考

何　珊　刘慧明

摘要：随着虚拟仿真技术与高校实验教学深度融合，虚拟仿真实验教学课程建设成为实现实验教学深化改革和教育教学信息化的重要内容。文章主要探讨如何建设高质量虚拟仿真实验教学资源。首先描述了虚拟仿真实验教学的现状，然后分析了当前虚拟仿真实验教学课程资源建设中存在的问题，最后针对虚拟仿真实验课程资源建设中面对的挑战提出了建议。

关键词：虚拟仿真；实验教学；课程资源建设

一、前言

2020 年 11 月 24 日，教育部下发《教育部关于公布首批国家级一流本科课程认定结果的通知》(教高函[2020]8 号)认定 5116 门课程为首批国家级一流本科课程，其中虚拟仿真实验教学一流课程 728 门。[1][2] 近年来，在教育部的大力推动下，我国高校虚拟仿真实验教学课程建设成果斐然。在新冠疫情期间，虚拟仿真实验教学课程为实现"停课不停教、停课不停学"做出了重要贡献。虚拟仿真实验教学借助现代信息技术、人工智能技术与实验教学的深度融合，实现"网上做实验"和"虚拟做真实验"，有效解决了传统实验教学中"做不到""做不了""做不上"的问题。虚拟仿真实验教学是高校实现实验教学深化改革和教育教学信息化的重要内容，也是教育部推进教育教学质量建设、打造"金课"的重要组成部分。因此，虚拟仿真实验教学资源的开发和应用，对高校人才培养意义重大。本文拟就虚拟仿真实验教学资源建设过程中遇到的问题进行探讨和分析，探索建设高质量虚拟仿真实验教学资源的有效路径。

二、虚拟仿真实验教学课程建设现状

在教育部的推动下，虚拟仿真实验课程建设在国内高校得到了较快的发展，在打破传

项目：湖北省高等学校实验室研究项目(虚拟仿真实验教学资源建设研究)。

作者简介：何珊，硕士，研究方向：实验室建设与管理。

通讯作者：刘慧明，博士，研究方向：实验室建设与管理。

统实验教学模式和提升实验教学质量方面起到了重要的作用。[2] 随着虚拟仿真技术的日臻成熟，近年来虚拟仿真实验在交互性、沉浸感、灵活性等方面取得了较大进步，有关技术标准也逐步形成。虚拟仿真实验已经成为加强实验教学、优化教学资源、提高教学质量的重要手段，成为传统实验教学的有效补充，虚拟仿真实验呈现蓬勃发展态势。但虚拟仿真实验教学课程技术含量较高、开发难度较大，若要保障虚拟仿真实验教学项目的建设效果，则应先解决其建设过程中存在的问题。

三、虚拟仿真实验教学课程建设中存在的问题

（一）"重建设轻应用"现象突出

虚拟仿真实验教学课程的价值应在教学应用中体现。但在实际情况中，"重建设轻应用"的现象突出。许多已建成的虚拟仿真实验教学课程仅应用于本学院、本专业实验教学中的情况较为普遍，而面向其他专业、其他院校和社会机构的应用较少。

（二）实验设计综合性缺乏

虚拟仿真实验教学一流课程是教育部推出的 5 类"金课"之一，其建设应遵循"高阶性、创新性、挑战度"的标准。[3] 目前，已建成的虚拟仿真实验教学课程支持基础验证型实验的较多，但能够满足综合设计性、探究型实验要求的占比较少。

（三）实验资源兼容性不足

相对传统实验课程，虚拟仿真实验教学课程以开放性、共享性著称。然而虚拟仿真实验发展时间较短，资源建设标准尚在不断完善中，加之信息技术发展迅速，相应设备更迭较快，导致目前资源的兼容性不足。各级各类管理平台运转流程、系统架构以及功能模块等方面存在着明显的差异性，难以做到良好对接。

四、高校虚拟仿真实验教学课程资源建设与管理对策建议

（一）搭建虚拟仿真实验管理平台，实现资源应用常态化

高校应重视虚拟仿真实验教学资源应用，提高其应用效率，才能使之产生更加显著的实验教学示范效果。可以通过搭建虚拟仿真实验教学课程管理平台，将学校已有的虚拟仿真实验教学课程资源集成到平台上，进行统一的应用和维护，促进优质虚拟仿真实验教学课程的应用与共享的同时，还能为认定虚拟仿真实验教学工作量，激励相关工作人员，切实保障实验教学的顺利开展提供依据。

(二)打造虚实融合的实验教学体系，推进教学内容体系化

高校的虚拟仿真实验教学课程体系要与本校学科发展情况相适应，按照"满足教学需求，突出学科特色"的原则进行顶层设计和统一规划，不能另起炉灶。建设过程中应注重虚实结合，建设融合于实际的虚拟仿真实验课程体系。利用虚拟仿真实验教学课程对现有实验课程进行重构，完善现有实验教学课程体系。建立良好的虚实融合的实验教学体系，实现虚拟仿真实验和实体实验相互补充，才能达到提升人才培养质量的效果。

(三)科学合理地选择建设内容，使实验具备高阶性

在建设虚拟仿真实验教学课程的过程中，应科学合理地选题，使实验内容具有前沿性和时代性，教学形式体现先进性和互动性，教学设计具备合理性和探究性，这样才更有利于保障虚拟仿真教学课程的建设成效。[4]自主研发虚拟仿真实验教学项目资源要借助优势学科，根据专业的主要特征大力发展虚拟仿真实验教学。在重视建设基础虚拟仿真实验课程的过程中，也应重视成果转化，将科研成果积极转化为实验教学内容。在实验教学期间应引进新型的科研成果，这样不仅能提升虚拟仿真教学资源高阶性，与此同时也利于保障实验教学工作的质量。在具体做法上，可对拟建课程进行培育，建立一定虚拟仿真实验教学资源储备，综合考虑已有课程和教学实际，进行统一规划、系统设计。

(四)构建系统化的技术指标体系，提升实验资源兼容性

虚拟仿真技术具有仿真沉浸感、快速推演性、实时交互性和仿真可信性等多个方面特征，其涉及的技术指标数量多、专业性强。而虚拟仿真实验教学资源是由高校老师和技术人员合作开发，高校老师设计和管理课程资源都必须了解这些技术内容，因此构建一套全面、系统、明确、清晰的技术指标体系对提升实验资源兼容性意义重大。

(五)建设共享虚拟仿真实验室，实现课程环境装备化

虚拟仿真实验教学活动的开展需要特定的硬件条件，搭建虚拟仿真硬件环境成本较高。通过建设共享的虚拟仿真实验教室，探索构建虚拟空间与物理空间相融合的新型实验环境，既能有效避免虚拟仿真实验设备的重复建设，又能有效提升空间利用效率，提升虚拟实验氛围感、体验感。在实际建设过程中，硬件设备的选择不仅要与虚拟仿真实验教学课程的内容和目标相匹配，适应教学要求，还要体现一定的先进性，为未来教学内容的更新和技术升级保留空间，同时还要综合考虑场地、设备造价等现实情况。

五、结束语

总而言之，虚拟仿真实验教学具有其独特的优越性，需要教师在实践探索中充分利用

网络资源，不断丰富与改进教学内容与方法，将虚拟仿真教学融入于日常教学，才能全面提升教学效果和改革教育教学模式。[5]资源应用常态化、教学内容体系化、实验具备高阶性强调了学校在统筹规划、资源协调上的作用，明确了虚拟仿真实验教学课程建设在实验应用、内容选题、实验方法上的要求。提升实验资源兼容性、实现虚拟环境装备化则是对下一阶段虚拟仿真实验教学课程从建设到应用面临的更高要求。[10]

◎ 参考文献

[1] 教育部. 教育部关于公布首批国家级一流本科课程认定结果的通知：教高函〔2020〕8号〔Z〕. 2020.

[2] 教育部. 关于一流本科课程建设的实施意见：教高〔2019〕8号〔Z〕. 2019.

[3] 吴岩. 建设中国"金课"[J]. 中国大学教学，2018(12)：4-9.

[4] 熊宏齐. 国家虚拟仿真实验教学项目的新时代教学特征[J]. 实验技术与管理，2019.

[5] 吉东风，李海燕，成何珍等. 国家级虚拟仿真实验教学项目建设经验及思考[J]. 教育教学论坛，2020(42)：3.

[6] 狄海廷，董喜斌，李耀翔，等. 高校虚拟仿真实验教学资源的可持续发展机制研究[J]. 实验技术与管理，2018，35(5)：4.

动机实验大楼的信息化设计与建设

曹力科　廖冬梅

摘要：本文以武汉大学动机实验大楼为例，介绍了实验室信息化系统的设计与建设。通过构建包括基础设施、安防系统和管理平台在内的信息化体系，实现对实验室的信息化管理。实验大楼的信息化系统能提供安全、智能的实验教学环境，对提高教学质量、促进人才培养等方面具有重要意义。

关键词：信息化；智能安防；实验室管理

一、引言

随着信息技术在各行各业的广泛应用，高校实验室的信息化建设也成为提高办学水平的重要举措[1]。实验大楼是高校开展教学实验和科学研究的主要场所，其信息化水平直接影响着学校人才培养和科技创新的质量。面对新时代发展的需求，传统的实验大楼管理模式已经难以适应教学科研的需要，信息化建设势在必行[2]。

当前，我国高校信息化建设正处于快速发展时期，但也存在一些问题需要解决，如管理方式落后、信息共享不足、安全监管缺失等[3]，这些问题制约了实验室信息化建设的效果。很多高校和机构对这些问题进行了探索和实践，如朱臻等人研究了基于信息化平台的高校实验室安全管理体系[5]，范桐菲等人研究了"智能+"时代高校实验室信息化建设内容[6]，张锋等人研究了电工电子智能实验室建设方法[7]。

武汉大学动力与机械学院新实验大楼建设中，大楼的信息化、数字化和智能化建设是重点工作。现大楼包括 5 个 180 平米的开放式大型教学实验室、2 个 180 平米水力机械过渡过程教育部重点实验室、10 多个 28 平米办公室。

因实验大楼的实验室在不同时段面向不同的师生开放，需要对实验楼和每个实验室设置单独门禁，师生经过授权后才能进入实验楼和相应的实验室。而实验室承担教学任务，所以需要对来上课的学生进行智能考勤。实验大楼走廊、门厅和各个实验室需要有监控，防止异常入侵，保证实验大楼的安全；重要实验室内需要有消防监控，对潜在的火灾危

作者简介：曹力科，武汉大学动力与机械学院，助理实验师。

廖冬梅，武汉大学动力与机械学院，正高级实验师。

险，需要及时预警和处理。

同时，来实验大楼的师生带有智能手机、笔记本等无线设备，需要提供武大 AP 热点，供无线设备登录后使用。实验室内部有移动机器人等移动智能设备，通常有无线智能物联的需求，因此除了武大热点外，还需要一套独立的无线网络。而普通设备和办公则需要一套稳定的有线网络。

此外，实验室的借用、预约、签到、人员授权等管理也是信息化的重要组成部分，结合上述监控管理等功能，需要一个综合的管理软件，来统筹实现这些功能。

二、系统总体设计

新机电实验大楼的信息化中，有网络需求、监控需求、门禁需求以及实验室综合管理的需求。根据需求，可以将信息化系统设计分为基础设施、安防系统以及实验室综合管理平台三部分，系统总体框图如图 1 所示。

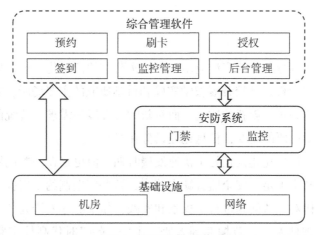

图 1　系统总体框图

基础设施设计分为机房建设和网络建设两部分，它们在信息化中发挥着重要作用。机房提供了设备集中管理和维护的环境，同时为数据存储和处理提供了必要的设施。网络实现了机房、实验室和设备之间的通信和协作。机房和网络为实验大楼提供了信息化基础设施，为科学研究和实验工作的顺利进行提供了必要的支持。

安防系统是实验大楼信息化的重要组成部分，将其设计分为门禁和监控两部分。门禁系统通过身份验证和权限管理，控制大楼和各实验室的出入口，保证实验室、研究设备等重要资源的安全。

监控系统则通过摄像头和视频监控设备，实时监测实验大楼内的各个区域，检测异常活动、入侵行为或安全事件，并提供记录作为潜在证据。通过远程访问，监控系统还可以供安全人员远程查看实时画面，实现远程监控和快速响应。

门禁和监控系统的结合，能够提供全方位的实验大楼安全保护，提高了实验大楼的安全性和安保水平，为教学和科研提供了一个可信赖和安全的环境。

信息化综合管理平台是实验大楼信息化的软件核心，可以将包括门禁、监控各个模块整合，并通过平台进行统一管理。设计分为授权模块、刷卡模块、预约模块、签到模块、监控管理模块、后台管理模块。

信息化综合管理平台能提高实验室管理的效率，简化操作流程。通过各个模块的组合和协同，可以实现实验室的授权管理、刷卡门禁、预约借用、考勤签到、监控安全和后台管理等功能，为实验室信息化建设提供有力支持。

三、系统建设

根据总体设计方案，系统建设内容包含基础设施建设、安防系统建设和信息化综合管理平台建设三部分。其中基础设施安防系统属于硬件建设，而信息化综合管理平台属于软件建设。

（一）基础设施

基础设施建设包括机房建设和网络建设，机房存放各个系统的硬件设备，网络则负责实现将各个系统的连接，机房内各设备及其功能如表 1 所示。

表 1　　　　　　　　　　　　机房内各设备及其功能

名　称	功　能　介　绍
机柜	存放服务器、交换机、监控主机等设备。
空调	负责调节机房内的温度。
服务器	运行整个实验室管理软件、存放数据。
万兆交换机	大楼网络入口，并分出光纤到各个实验室和办公室。
管理显示器	服务器人机交互管理。
不间断电源	断电时为系统供电，保障系统运行。
AC 控制器	控制无线 AP。
监控设备	监控的控制主机、交换机和存储硬盘。

机房配备一个 42U 机柜，用于存放服务器、交换机等设备；配备一个空调用于控制机房温度；配备一个不间断电源，保障机房短时间意外断电时维持系统正常工作。机柜中配备服务器、一个万兆交换机，从外部接入大楼的网络通过一个万兆交换机进行管理；一个

AC 控制器，控制全楼的无线 AP。

服务器是整个信息化系统的中枢，它采用 2U 双路标准机架式服务器，方便存放于机柜中。核心部件方面，该服务器配备 2 颗处理器。每颗处理器 20 个核心，以提供足够的计算能力，满足高负载的计算任务需求。配备 128GB DDR4 内存，2 块 1.2TB 10K 2.5 寸 SAS 硬盘，同时为了实现数据的冗余和可靠性，该服务器配置了阵列卡，支持 RAID 0、RAID 1 和 RAID 10 模式。

在大楼的网络建设中，分为有线和无线两套网络系统。有线网络通常具有更高的带宽、更低的延迟、更好的安全性和更高的稳定性，因此大楼的办公网络、实验室设备网络都采用有线网络。无线网络分为武大热点和普通无线网络两种。武大热点是提供给武大师生上网使用，使用前需登录；而普通的无线网络是提供给移动机器人等内部移动设备使用，无须登录即可实现无线物联等应用场景的需求。

(二) 安防系统

安防系统包含门禁和监控两部分。门禁系统硬件包括大门人行通道闸机、人脸识别智能门禁一体机、实验室双门门禁电磁锁和办公室单门门禁电磁锁。

为了提供安全、便捷和可靠的出入通道控制，实验大楼的人行通道配备一进一出两个闸机。闸机箱体材料采用 SUS304 不锈钢，闸机的钢板厚度 1.2mm，能提供较好的结构强度和防护性。闸机支持 12 对红外对射，用于检测通行人员的进出。闸机具备刷卡和人脸识别两种模式，还支持定制任意时段定制开门需求；另外，该闸机还具备断电后自动开门的功能，保证在意外断电情况下，通道仍能开启，确保人员的安全出入。

人脸识别智能门禁一体机用于实验室和办公室的智能门禁。该设备采用高清双目摄像头，可实现更准确的人脸采集和识别效果。同时，该设备支持多种验证方式，包括人脸、卡片、密码等，提供灵活的身份验证选择。为了应对不同环境下的识别需求，该门禁一体机支持在低照度无可见光补光环境下进行人脸识别。同时为增强安全性，该设备支持活体检测功能，并具备防止假体攻击的能力。

用于实验室和办公室的电磁门锁，都支持断电开门，防止断电情况下无法进出实验室和办公室的情况出现，在上锁时，能提供不少于 280kg 的电磁吸力，保障了实验室和办公室的安全。

监控系统的主机放在机房、通过 POE 交换机将监控网络布置到每一个监控点，监控点包括大楼的走廊、实验室和办公室。监控用的相机分为两种，普通监控相机和消防监控相机。

普通监控相机采用高性能的图像传感器，可实现不低于 400 万像素的高质量视频；为了满足夜间监控需求，该相机内置红外补光灯，并具有超过 50m 的红外监控距离。这使得相机能够在低照度甚至完全黑暗的环境下提供清晰可见的监控图像。该监控相机还具备动态检测、视频遮挡、网络断开、IP 冲突、音频异常侦测和非法访问等异常检测功能，能够及时发现异常并通过预警系统通知相关人员。

消防监控相机用于重要的实验室的消防监控，除了普通监控相机的功能外，还支持高温异常报警和火焰报警。当监控区域内出现高温异常情况时，相机可以发出警报并提供及时的通知，以便快速采取相应的措施。同时，相机还能识别火焰，当检测到火焰时，会立即发出报警信号，提醒相关人员及时处理。这些功能的加入增强了消防监控的早期预警能力，有效防范火灾风险。此外，消防监控相机还支持声光报警功能，当出现异常情况时，相机可以通过声音和闪光灯发出明显的警示信号，帮助迅速发现和处置问题。

普通监控相机和消防监控相机的配合使用，不仅让监控系统具备高性能的图像采集能力，还配备了高温异常报警、火焰报警、声光报警和手机推送等功能，为消防安全提供了强有力的保障。

（三）信息化综合管理平台

信息化综合管理平台是实验大楼信息化的软件核心，在软件层面对整个信息化平台进行管理，分为授权、刷卡、预约、签到、监控管理和后台管理 6 个模块，并能根据需求自主扩展，其功能的简单介绍如表 2 所示。

表 2 　　　　　　　　　　　　　　综合管理平台各模块及功能

模 块 名 称	功 能 介 绍
授权模块	对往来实验大楼的各类人员授予不同权限。
刷卡模块	对接信息中心或者采集自定义 IC 卡。
预约模块	对进入实验大楼或实验室的外部人员实施预约。
签到模块	对进入实验室上课或实验的学生进行签到和考勤。
监控管理模块	通过网络管理监控系统。
后台管理模块	对综合管理软件进行后台管理。

授权模块可以对学生、老师、管理员进行角色定义和授权，并根据不同权限的角色分配不同的功能，如可以将角色加入或者解除黑名单，黑名单在库人员不得进入实验室及实验室设备。

刷卡模块支持提供 API 接口，可与一卡通对接，有校园一卡通信息的人员可直接在系统中对接导入。如果人员没有可直接对接的一卡通信息，则使用 IC 卡信息采集软件获取卡片信息，在系统中备案后，再给每个卡片分配特定权限。

预约模块可根据开放对象和开放时间，显示实验室是否可借用，对能借用的实验室，用户可以对该实验室进行借用申请。借用时支持填写课题、随行人员、借用时间、指导老师，备注，管理员可以对实验室借用进行审批和管理。

签到模块可以根据学生的人脸数据或者刷卡数据进行考勤，并记录当前的课程信息、时间以及学生签到的信息；并自动统计迟到早退情况。如果忘记签到或者有特殊情况请假的，可以在系统中记录以备参考。在需要的时候，可以从系统中导出对应的考勤记录。

监控管理模块可以将监控信息通过一路以太网接入公共网络，通过实验室管理平台进行监控信息查看。同时，支持为报警事件配置联动动作，包括联动录像、短信及新增子系统支持的视频弹窗、门禁、抓图、云台等。支持人脸布控、人脸检测，支持以图搜图、人脸轨迹等功能。

后台管理模块提供了多项功能，使管理员能够轻松实验后台管理。首先该模块支持管理员对用户账号的管理，包括用户状态、用户信息、登录时间、查看详情、更新等，并支持人员信息的导入和导出。其次，该模块支持对实验室进行管理，包括配置实验室开放时间段、发布实验室使用章程信息公告；支持新增实验室、删除实验室以及编辑实验室信息等；支持统计所有实验室的使用情况，如借用开始和结束时间、实验室当前状态等。此外，该模块还支持推送通知、设备管理、卡片管理、日志管理、教学管理、教室管理、课程管理、课表管理等功能。

四、结语

动机实验大楼的信息化系统将实现全天候、全周的监控，提高实验中心安全管理的监控能力，可支撑武汉大学智能机器人创新创业示范中心建设，承担智能制造和智慧能源两大新方向的教学任务和创新实践工作。在人才培养方面，完善的信息化系统将极大推动实验大楼面向全校师生的开放共享，打造工学部本科实验教学示范基地和武大校级创新创业示范中心，为学生提供更好的实践平台。

◎ **参考文献**

[1]雷欣烨.高校实验室信息化建设与管理策略[J].大学，2023（1）：10-13.

[2]夏春琴，刘芫健.基于信息化平台建设的高校实验室管理系统[J].实验室研究与探索，2020，39（11）：246-249，284.

[3]卫飞飞，石琦，钟冲，等.高校实验室安全信息化建设探究[J].实验室研究与探索，2020，39（10）：300-303.

[4]关鸿耀，高海涛，李永红，等.高校实验室信息化建设探索与实践[J].中国现代教育装备，2022（5）：52-55.

[5]朱臻，窦小刚.基于信息化平台建设的高校实验室安全管理体系研究[J].实验技术与管理，2020，37（4）：1-3，8.

[6]范桐菲，李中闯."智能+"时代高校实验室信息化建设的实践[J].科技资讯，2023，

21(3)：167-170.

[7]张锋，莫琦．电工电子智能实验室建设与实践[J].实验室科学，2023，26(1)：179-182.

新文科建设背景下实践教学示范中心的管理与建设
——以武汉大学中国语言文学实践教学中心为例

梁　越

2019 年 4 月，教育部召开"六卓越一拔尖"计划 2.0 启动大会，正式全面启动新工科、新医科、新农科、新文科建设。同年，教育部发布《关于深化本科教育教学改革全面提高人才培养质量的意见》，体现了加快推进新文科建设的战略意图及实践要求。党的二十大报告指出，加强基础学科、新兴学科、交叉学科建设，要用好学科交叉融合的"催化剂"，推进新工科、新医科、新农科、新文科建设，加快培养紧缺人才。2023 年 3 月，教育部等五部门印发了《普通高等教育学科专业设置调整优化改革方案》的通知，强调要突出优势特色，以新工科、新医科、新农科、新文科建设为引领，做强优势学科专业，形成人才培养高地；做优特色学科专业，实现分类发展、特色发展。这些政策举措为积极推动学科交叉融合、加快推进新文科建设指明了前进方向，提供了根本遵循。

近年来，世界百年未有之大变局加速演进，对新文科建设也提出了更高的要求，推进文科专业数字化改造，深化文科专业课程体系和教学内容改革，做到价值塑造、知识传授、能力培养相统一，打造文科专业教育的中国范式，成为实践教学示范中心建设的重点任务。

本文以武汉大学中国语言文学实践教学中心为例，谈谈在新文科建设背景下中心管理与建设的思考。

一、中心建设的基本情况与成效

(一)基本情况

以武汉大学文学院为依托，立足中国语言文学一级学科、辐射其他人文学科，武汉大学中国语言文学实践教学中心于 2005 年正式筹建，是全国中文学科最早建立的实践教学中心，2010 年被评为湖北省高等学校实验教学示范中心，目前已形成了一支 15 名专兼结合的高质量实践教学师资队伍。在 2020 年武汉大学实验中心综合效益评估考核工作中，

作者简介：梁越，武汉大学文学院，七级职员。

中心获评最高等级 A 类。2021 年，成功获批"湖北高校省级优秀基层教学组织"，实现了学院省级教学团队零的历史突破。

（二）建设成效

1. 实践教学平台建设成果显著

经过数年的培育和耕耘，通过教育部修购计划等专项经费的支持，中心分别于 2018 年、2019 年、2021 年圆满完成了"中国语言文学实践教学中心建设"第一、二、三期任务，2023 年获批人工智能写作教学与创研实验室项目一期工程。中心按照一流标准，现已建成汉语语音实验室、语言学习与认知科学实训实验室、普通话模拟测试与训练实验室三个固定实验室和一个普通话测试站，还建设有朗读亭、多功能演练厅、教学资源制作室等实践场所；配备了目前文科先进的脑电设备、眼动设备、教学软件等功能较齐备的实践教学软硬件设备，为学院及相关专业师生的实验及实践教学活动奠定了良好的基础。

2. 课程体系实现科际融合，实践教学体系日趋完善

以新文科理念为指导，建设了一系列人文、社科与自科交叉融通的特色课程，如汉语国际教育技术、计算语言学、语言信息处理研究、现代语言学、社会语言学、应用语言学、普通话测试、经典诵读、方言与中国文化等。这些课程都依托实践中心开设，强调对学生实际动手操作能力的培养，引导学生发现、研究和解决实践性的语言学及相关问题，为培养具有三创精神的知行合一的人才提供支持。

3. 三全育人格局基本形成

中心秉承"大实验"观念，响应新文科建设号召，打造了一个集教学活动、思想熏陶、学习实践、知识应用为一体的立体化实践教学体系，致力于培养德才兼备、应用能力强的复合型文科人才。通过组织学生参加课外科研活动，促进了学生自主学习和创新能力的培养，拓展了学生的知识结构，开阔学科视野，提高了学生分析问题和解决实际问题的能力，学生科研成果丰厚。鼓励学生积极参加"全国汉语国际教育综合技能大赛""中国'互联网+'大学生创新创业大赛""'武汉'杯汉语国际教育本科生专业技能大赛"等比赛。中心教师所指导的学生多次获得国家级、省级大学生创新创业实践项目及国家级、省级实践类奖项。密切结合教学实习、语情监测、田野调查和志愿服务进行思想政治和社会责任教育，厚植学生的家国情怀，充分发挥服务国家与社会的功能。多名学子参加新冠疫情"战疫语言服务团""声音树言语障碍科普和志愿服务"，以及向外国学生开展"一对一口语语伴"等志愿活动，社会反响良好。

二、中心建设的经验

（一）以规范化、制度化、流程化作为中心工作的日常管理指导原则

自 2012 年起，中心先后制定了《实践教学中心岗位职责》《实践教学中心教学工作管理

条例》《实践教学中心运行管理制度》等多种规章制度，并在发展过程中，针对现实情况不断进行修订和完善，确保建立层次合理、简洁明确、协调一致的制度体系。目前，中心制度已经形成了日常管理制度、教学管理制度、人员培养制度三大体系共 11 种规章，成为了中心正常运行的依据和保障。重视制度执行情况及其效果，中心每年不仅接受校级、院级的考核，在中心内部，也针对不同岗位进行年度考核，落实制度执行情况，并根据考核结果进行奖惩。

高度注重实验室安全教育。每年为本科生和研究生新生分别举办实验室安全知识培训讲座。开展实验室安全事故应急演练；动员全院新生和新入职教职工参加实验室安全准入考试、实验室安全知识系列视频讲座及网络实验室安全知识竞赛等活动。

（二）中心秉承"一体双翼，多层并举，学生自主，立体施教"的实践教学新理念

改变只重理论教学或理论教学与实践教学脱节的局面，着力构建以推行学生自主学习、创新学习和体验训练为核心，与课堂教学相配合，融合传授知识、提高素质、培养能力和开启智慧为一体的立体化"新文科"大实验教学体系。进一步将新技术、新方法、新理念融入教学之中，为培养社会发展需要的新型文科复合型创新型国际化人才提供实践教学方面的保障。

根据新文科建设的要求，注重体现专业特点和时代需求，引入新兴的科技手段，避免简单套用一般性的"实验教学"的做法，重新修订《中国语言文学实践教学中心实践教学大纲》，以适应新时代人才培养对于实践教学的要求。同时，在实践中心课程组的呼吁推动下，在培养方案中不断增加实践教学的比重，实践课程学分及占比不断提升，新增的实践课程如"语音分析与实践""语言学实验""三笔字——毛笔、钢笔与粉笔""方言文化典藏""方言调查"等均是依托中心课程组进行合理论证而开设的。根据建设实际情况，动态调整实践课程，今年新增的如"人工智能写作""文史工具书与数据库使用"等代表新文科发展方向的具有创新性的实践课程，将进一步推动实践教学课程体系的完善和人才培养方式的改革。

（三）鼓励中青年教师积极投身实践教学工作

中心为中青年教师提供条件开设实验课程、申报教改项目、举办形式多样的教学实践活动等，在全院教学工作中形成了良好的实践教学氛围。以赛促学，以赛促教，在教学竞赛等活动中锻造高水准的队伍，中心教师在国家级、省级一流课程建设、教学奖项、教改项目、教学论文上均取得重要斩获。在具体的教学实施过程中，中心对于教学计划、课堂教学管理、教学评价等各个方面都严格把控，做到以评促学、以评促教，为推进实践教学评价方式的多元化、科学化和客观化作出新的尝试。

（四）积极发挥省级示范中心的社会服务功能

中心共建的普通话测试站为广大校内师生提供普通话等级测试及培训服务，中心教师积极参加"推普周"活动，在普及和推广普通话的工作中发挥了重要的作用。中心还曾多次承办湖北省职业技能高考阅卷工作以及校内相关单位的入职心理测试等工作。

三、中心建设面临的问题

（一）针对基础学科拔尖学生培养计划、"四新"人才培养目标的新要求，人才培养模式的创新性和支撑力不够

实践中心现行的培养模式、教学方式、课程体系的精准化、特色化、引领性还不够，激发学生求知欲、创造欲的动力不足，因材施教的方式不多。促进学科交叉融合的措施和条件还不够完善。

（二）受限于学校相关政策，中心专技教师队伍的扩充存在难度

中心的各类仪器及设备的日常运行、维护专业性强，对人员技能要求较高，需要专业的教师操控。随着中心建设逐步扩展，设备数量越来越多，操作精度要求越来越高，需要补充师资力量，统一管理标准，改革管理思维，在运行管理体制方面做出新的探索。

（三）各中心资源共享的实现还存在壁垒

与校内其他实践中心的协同、互动不够密切，缺乏资源、数据、经验的分享，缺少主动谋划、联合交叉的方式。在如何发挥中心高度示范性和辐射作用方面还需要积极思考。在多渠道获取信息，争取社会支持与资源方面还需打开局面。

四、中心建设的建议

（一）丰富实践教学的内容和形式，激发师生的积极性、创造性

在适配教学资源的同时，鼓励师生进行创新性科学研究，支持师生进实验室，实现教学与科研的良性互动。围绕课堂教学主阵地，深入开展以学生学习成效为中心的教与学改革。开展"示范课堂"建设，精心设计实践内容，不断革新实践教学的方法与手段，大力促进信息技术与课堂教学深度融合，激发研究型学习，使实践教学成为师生思想碰撞、教学相长的主阵地。打造高水平的实践教学师资队伍，培养教学科研复合型人才，发挥科研反哺教学的优势。

建立有利于激励学生学习和提高学生能力的有效管理机制，创造学生自主实验、个性化学习的实验环境，产出一批高质量的具有鲜明特色的实践教学成果，进一步提升数字时代中文学科人才的专业社会适应性与行业竞争力。

(二)进一步完善科学高效的一体化管理体系

全面实行标准化、规范化管理，提升管理能力，实现内涵式发展。争取通过建设智慧实验室管理系统，将计算机、多媒体、网络等技术与实验设备、教学资源、软件以及中心人员的管理相结合，实现智能门禁、自主预约实验室、学生课程记录、实践课时自动统计分析、设备管理及使用率分析等多种功能，以促进实验室管理工作的科学化、智能化、高效化。

(三)推进统筹协调，汇聚资源

打造结构合理、功能完善、运转高效的多学科交叉融合平台，为构建相互支撑、协同发展、科教融合的一流学科建设体系和人才培养模式提供坚实基础和保障。建立更加完善合理的政策、经费、考核等保障机制，引导教师在实践教学方面进一步锐意改革创新，打造一支高水平的实践教学师资队伍。加强对外交流，打造不同层级的对外交流渠道，力争做到除实践教学外，还具备支撑科研、服务地方、文化传承的职能，使中心不仅是校内实践教学的主场所，也是整合和协调校外实践资源和渠道的中枢，进一步发挥中心的示范引领作用。

◎ 参考文献

[1]夏俊.文科实践教学中心建设与管理问题研究[J].课程教育研究，2017(27)：2.

[2]王美军，庞立，黄科等.高校实践教学中心信息化建设的研究与实践[J].产业与科技论坛，2018，17(21)：2.

[3]许静.新文科背景下基于"三观两中心"的实践教学创新[J].知识窗(教师版)，2022(11)：36-38.

浅谈高校实验室设备从业人员的基本素养

朱娟蓉

摘要：随着国家科技、教育事业快速发展，高等学校实验室建设水平显著提高，高精尖设备数量增长迅速，如何更加科学地管好、用好这些设备，产出更优质的科学研究成果，更大程度服务国家战略需求，关键因素在于设备从业人员素养的高低。设备从业人员素养可以从政治思想素质、管理创新能力、技术支撑能力、安全保障能力等多方面综合评价，建立保障和激励设备从业人员职业发展、素养提升的体制机制也是高校义不容辞的责任。

关键词：高校；实验室；设备从业人员；基本素养

随着国家国民经济快速发展，人们对"创新驱动发展"的思想认识和服务国家重大战略需求的意识不断提高，全社会对高等教育发展和科技创新实力提升日益重视，人力、财力、物力的投入不断增加，高等学校办学基础条件近年来也得到了前所未有的改善，实验室设备更新购置和重大科研仪器设备自主研发工作进入快速发展的时期。

随着高校实验室仪器设备数量增长、功能和质量提高，如何更加科学地管好、用好这些设备，发挥这些设备的最大效益，产出更优质的科学研究成果，更大程度服务社会需求，除了基础设施、环境因素等保障条件外，关键因素在于仪器设备管理和技术从业人员素养的高低。

一、设备从业人员应具备的政治思想素质

高校设备管理工作是学校管理工作中的重要环节，设备精度、状态和运行维护水平是支撑教学、科学研究水准的重要条件，设备管理和技术从业人员的素质又直接影响着设备管理水平和管理效果[1]。因此，设备从业人员的思想素质是做好设备管理和技术工作的根本和前提。

（一）设备从业人员要有较高的政治思想素质

高校实验室设备从业人员既是高校教学、科研工作的有力技术支撑人员，也是人才培

作者简介：朱娟蓉，硕士，主要从事高校实验室管理工作。

养、立德树人工作的重要参与者和实践者。设备从业人员要主动用习近平新时代中国特色社会主义思想武装头脑、指导实践，积极贯彻落实习近平总书记关于教育的重要论述和科教兴国、人才强国战略总要求，用正确的人生观、价值观、教育观开展设备管理和技术服务工作，服务师生，服务社会，支持创新，支撑国家重大战略部署。

(二) 设备从业人员要有健康的执业身心素质

设备从业人员的工作具有技术性、重复性、服务性等特点，他们往往需要数十年如一日的操作、运行和维护同一台设备，在服务教学科研活动的过程中也经常因为实验时间长、解决技术难题等原因放弃大量的休息时间。因此，设备从业人员应具备爱岗敬业、全心服务和团队协作的精神，保持自身身心健康，做到认真细致、沉着冷静、不骄不躁，开拓进取。

二、设备从业人员应具备的业务素质

(一) 充分发挥设备效益的管理创新能力

随着高校教学、科研水平的提高和快速发展，对具有重要支撑作用的设备管理工作和从业人员管理能力提出了更高的要求[2]。首先，从业人员应树立"爱护国有资产、发挥资产效益"的管理理念，熟悉国家、学校、实验室机组等关于设备管理的各项规章制度和工作流程，依法办事、遵章办事，在安全操作、科学运行的前提下合理使用设备。其次，从业人员应具备一定的管理创新能力，能根据设备所属专业学科特点、设备运行维护规律、设备功能状态、设备使用频率、设备从业人员团队组成等情况采取科学合理、行之有效的设备管理工作方式和方法，从管理的角度最大限度地发挥设备效益。

(二) 全面、熟练且精湛的技术支撑能力

设备从业人员首先应掌握设备所属相关科学研究领域需具备的较全面的学科知识，懂得该领域科学研究的基本方法和手段，了解如何选择和利用设备及其具备的功能开展科学研究。其次，从业人员要理解设备的设计和工作原理，熟练掌握设备操作规范和技巧，能利用设备高水平完成制样、测试、分析等实验技术工作，掌握设备运行、维护、维修技术[3]。

大型仪器设备从业人员应在更高层次上具备以上技术能力。大型仪器设备往往具有购置价值高、高新技术含量高、产品精密度高、运行维护成本高等特点，因此，从业人员更应弄懂、吃透设备技术原理和使用方法，更大程度地利用和开发设备功能，更高水准运行维护设备，以避免从业人员因专业知识不够、操作和维护技术不到位而导致的设备功能利用不充分、设备良好运行状态达不到、设备使用效率不高等资源浪费的现象。

(三)宽视野、强技能的自主学习能力

当今世界科学技术发展日新月异，学科知识新理念层出不穷，科学研究手段、设备功能和技术更迭迅猛。设备从业人员应紧跟科学技术发展步伐，注重拓宽学科眼界，全面参与科学研究和教学活动研讨，掌握教学科研实际需求，主动参加各种设备技能培训和经验交流活动，不断提升业务能力和自身素质。只有不断地学习和提高，才能使自己有足够的知识储备、较强的设备操作能力、较高的科研服务水平，才能不在这支人才队伍中掉队。

(四)责任意识强、防范技术规范的安全管理能力

高校实验室的很多设备在使用过程中会产生安全问题，比如电磁伤害、射线伤害、高温高压伤害、机械伤害、化学伤害、气体伤害、生物伤害等；也有很多设备本身需要特定的安全运行环境，比如恒温恒湿、洁净无尘、高电压、防震动等。因此，设备从业人员应具备较高的安全管理意识，认真落实安全防护责任，接受专业化安全管理培训，能采取规范合理的安全防护措施，制定科学的安全操作规程，严格实行实验室安全准入制度，以高度的责任心对进入实验室人员进行全面的安全知识和操作技能培训，具备较强的实验室安全事件(事故)应急处置能力。

三、设备从业人员激励机制

俗语说"剑不磨不利，苗不墩不壮"。管好、用好设备，让设备效益最大程度发挥出来需要优秀、稳定的人员队伍，因此学校应为设备从业人员提供激励成长、稳定人心的政策和机会。

(一)建立覆盖面广、层次丰富的业务技能培训机制

针对设备从业人员自身特点，鼓励高校建立覆盖全体设备从业人员的职业培训机制，纳入人事部门管理。可以采用定期与不定期的不同设备机组之间、学科之间、校际之间、校企之间短期交流学习，选派人员参与国内外高校、行业协会或知名企业等提供的技能专项培训班，支持国内外高校、科研院所学历深造教育等多种形式，保障设备从业人员自身发展机会和途径，使得他们能够学习新知识、掌握新技能、跟进学科前沿，更好地支撑教学科研需求，服务高等教育事业发展。

(二)建立鼓励人员积极性、促进人员发展的激励机制

"干与不干一个样、干好干坏一个样"，容易造成人员思想疲劳、麻痹和懈怠，容易造成优秀人员的流失，容易造成工作氛围懒散、缺乏积极向上的力量。建立适合设备从业人员的绩效考评体系；建立奖金绩效、职称评审、人员晋升等向优秀人员适当倾斜的鼓励政

策；建立对优秀设备机组或团队优先扶持发展的政策等十分必要[4]，也是稳人心、稳队伍行之有效的措施和手段。

综上，设备从业人员素养高低是体现设备管理和运行水平的关键，是支撑教学、科研发展的重要力量和基础条件。我们应把设备从业人员队伍建设放在与设备质量提升、鼓励学科发展同等重要的位置来统筹规划，合理布局，推动发展。

◎ 参考文献

[1]韩冰. 高校设备管理人员应有的基本素质[J]. 山东纺织经济，2012(6)：58-59.

[2]李晓林，金美付，杨井华. 高校贵重仪器设备实验室管理人员的素质培养[J]. 高校实验室工作研究，2016(2)：104-105.

[3]郑云基. 实验设备科学化管理及管理人员素质[J]. 教育仪器设备，1996(4)：54-55.

[4]孙丽珍，张耀方. 高校实验室安全管理人员激励体系建设[J]. 中国高校科技，2020(4)：11-14.

武汉大学智能机器人实验室建设情况探析

黄 河 胡明宇 张 树

摘要：本文介绍了武汉大学新建机器人实验室的建设相关工作，该实验室拥有 30 台桌面 6 自由度关节机器人和 30 台多模态移动机器人，还配备了动态捕捉设备和机器狗。这个实验室旨在为机器人学、机器人视觉与抓取、移动机器人、SLAM 技术等多门课程的实验教学提供丰富的资源。通过对国内外机器人实验室的案例分析，本文强调了这个实验室的独特性和重要性，以及其为学生提供了广泛的机器人教育资源。实验室的多样性设备和教学内容有助于培养学生的实际问题解决和团队合作能力，为他们的未来职业发展提供了坚实的基础。最后，本文提出了未来扩展实验室设备和教学内容的愿景，以满足不断增长的机器人领域需求，为培养有竞争力的机器人专业人才作出贡献。

关键词：高校；机器人；实验室建设

一、引言

机器人技术在当代科学和工程领域中的应用日益广泛，引领了现代制造、自动化和人工智能的发展[1]。为了培养具备机器人相关知识和技能的学生，高校机器人实验室的建设变得至关重要。本文旨在介绍武汉大学新建机器人实验室的建设情况和设备配备，以及实验室将用于"机器人学""机器人视觉与抓取""移动机器人""SLAM 技术"等多门课程的实验教学。

在国内外，机器人实验室的建设案例已经取得了显著成就，为学生提供了丰富的实验资源和实践机会，如麻省理工机器人实验室[2]是世界著名的机器人研究中心，拥有各种类型的机器人，包括机器人手臂、移动机器人和人形机器人。该实验室在自主导航、机器人感知和机器学习等领域取得了显著的研究成果。著名的 Standford Arm[3] 即来自斯坦福大学机器人实验室，该实验室专注于机器人感知、自主导航和人机交互等领域。康奈尔大学的

作者简介：黄河，武汉大学大学生工程训练与创新实践中心。
胡明宇，武汉大学本科生院工创中心，中级。
张树，武汉大学本科生院工创中心，中级。

机器人学实验室是一个跨学科的研究中心，致力于开发先进的机器人技术，如生物启发式机器人和机器人感知[4]。

国内也有许多高校设有机器人实验室或者研究中心，如清华大学智能机器人研究中心[5]，东北大学设立有专门的机器人科学与工程学院[6]。武汉大学动力与机械学院在20世纪就开展了机器人相关方面的研究，并参与多项"863计划"机器人相关项目，2008年由肖晓晖教授创建了先进机器人与智能控制实验室[7]开展先进机器人技术研究。

以上高校及团队研究项目包括无人机技术、机器人视觉和智能机器人控制。但大部分机器人实验室或团队主要针对的是高新技术的研究，并非专门针对机器人专业的本科实验教学。本文将借鉴这些案例，强调高校中本科实验室建设的在创新人才培养重要性和创新性。通过对新建实验室设备介绍、实验教学内容的详细描述以及未来研究方向的展望，旨在为高校机器人实验室，特别是针对本科生的机器人实验室的建设和教改提供有益的参考和启发。

二、实验室设备

武汉大学新建的机器人实验室[8]设备齐全，按照教学区域安排，主要包括关节机器人实验教学区和移动机器人实验教学区两块（见图1）。

图1　关节机器人实验区（左）与移动机器人实验区（右）

共包括以下几类主要设备：

（一）桌面6自由度关节机器人

实验室配有30台桌面6自由度桌面型关节机器人（见图2），这些机器人体型小巧，机身由碳纤维材料组成，具有卓越的精度和控制性能，适用于各种机器人学实验和项目。每台机器人配备了视觉传感器和夹爪，能够进行高精度的位置控制和运动规划，并配合视觉传感器和夹爪等完成机器人视觉识别与抓取控制。这些机器人在教学中可用于教授机器人动力学[9]、运动规划[10]、轨迹跟踪[11]等关键概念。

图2 关节机器人

(二)多模态移动机器人

实验室拥有 30 台多模态移动机器人(见图 3),这些机器人通过结构上的快速构型变化支持 4 种移动方式,包括阿克曼式、差速轮式、履带式和全向移动式。多模态移动机器人具有出色的机动性和适应性,适用于各种不同环境下的实验和研究。并且机器人自身搭载强力的运算单元以及激光雷达与深度相机等先进传感器,学生可以通过这些机器人学习移动机器人导航[12]、环境感知[13]和自主控制[14]等领域的知识。

图3 多模态移动机器人

(三)机器狗

实验室还拥有若干机器狗(见图 4),用于对移动机器人教学系列进行补充,这些机器狗在机器人学和智能控制方面具有更广泛应用。机器狗具备高度的机动性和自主性，可用于教学和研究项目，涵盖了机器人足地定位、自主导航和智能决策等方面的内容[15]。并且该部分机器狗配备了机械臂，可构成复合机器人构型，从而完成更多、更复杂的教学内容。

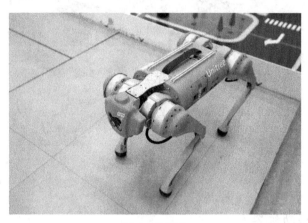

图 4　机器狗

（四）动态捕捉设备

实验室配备了先进的动态捕捉设备，用于实时捕捉机器人运动和环境变化。这些设备包括 24 组高清红外摄像头、通信网络及后台数据处理软件，能够提供高质量的数据以支持机器人视觉和感知实验。学生可以通过这些设备学习视觉 SLAM[16]、目标检测[17]和环境建模等关键技术。

（五）多种传感器

除了以上设备，机器人实验室还配备了多套 AI 边缘计算板以及小型计算单元，可以配合动态捕捉设备等完成更复杂的集群机器人实验。以上设备的综合使用，为我们的实验室提供了丰富的实验资源，支持多门课程的实验教学和研究项目的开展。这些设备的特点和功能将在接下来的部分中得到更详细的描述。

三、实验教学

武汉大学智能机器人实验室旨在为学生提供丰富的实验教学体验，覆盖机器人学、机器人视觉与抓取、移动机器人等本科机器人相关实验内容，同时也能够很好满足 SLAM 技术以及 AI 技术等多个领域的进阶实验内容。以下是实验教学的主要课程和相关实验内容：

（一）机器人学

机器人学相关问题是机器人相关专业的基础课程，主要包括机器人运动学与机器人动力学两部分。

机器人运动学：学生将学习关于机器人运动学的理论和实践，包括正逆运动学问题的解决以及机器人关节空间和笛卡尔空间的控制[9]。

机器人动力学[18]：实验将涵盖机器人动力学建模和控制，使学生能够理解机器人的动力学行为。

（二）机器人视觉与抓取

三维视觉感知[19]：学生将使用实验室设备进行三维视觉感知实验，包括点云数据处理和对象识别。

抓取规划[10]：实验将涉及机器人抓取姿势的规划和执行，以及感知和控制的结合。

（三）移动机器人

自主导航[20]：学生将学习移动机器人的自主导航技术，包括路径规划、障碍物避开和传感器集成。多模态移动机器人控制：实验将覆盖多种移动机器人的控制方法，以满足不同应用需求。

（四）SLAM 技术

视觉 SLAM[21]：学生将参与视觉 SLAM 算法的实验，包括特征提取、地图构建和定位。

惯性导航[22]：实验将涉及使用惯性传感器的导航和定位技术。

以上课程的实验内容旨在提供学生在机器人领域的广泛知识和实践经验。我们强调实验教学的重要性，让学生能够应用课堂所学知识，培养实际问题解决和团队合作的能力。同时，这些实验内容也体现了实验室设备的多样性和灵活性，为学生提供了综合性的机器人教育体验。

四、结论

本文介绍了武汉大学高校机器人实验室的建设，以及实验室中的设备和实验教学内容。该实验室拥有 30 台桌面 6 自由度关节机器人和 30 台多模态移动机器人，配备动态捕捉设备和机器狗，为学生提供了丰富多彩的机器人教育资源。实验教学内容覆盖了机器人学、机器人视觉与抓取、移动机器人、SLAM 技术等多个领域，旨在培养学生的实际问题解决和团队合作能力。

通过对国内外机器人实验室的案例分析，我们强调了本实验室在提供全面机器人教育方面的独特性和重要性。我们的设备和实验教学内容的多样性使学生能够在各种机器人应用领域中获得广泛的知识和实践经验。这有助于他们为未来的机器人领域工作和研究做好充分准备。

实验室建设不仅有助于学生的教育，还对机器人技术的推动和创新发挥了积极作用。我们期待未来进一步扩展实验室的设备和教学内容，以满足机器人领域不断增长的需求。通过不断努力，我们将继续为培养有竞争力的机器人领域人才作出贡献。

◎ 参考文献

[1]URREA C, AGRAMONTE R. Kalman filter: historical overview and review of its use in robotics 60 years after its creation[J]. Journal of Sensors, 2021: 1-21.

[2]KARAMAN S, ANDERS A, BOULET M, et al. Project-based, collaborative, algorithmic robotics for high school students: Programming self-driving race cars at mit[C]//2017 IEEE integrated STEM education conference(ISEC). IEEE, 2017: 195-203.

[3]TARN T J, BEJCZY A K, ISIDORI A, et al. Nonlinear feedback in robot arm control[C]// The 23rd IEEE conference on decision and control. IEEE, 1984: 736-751.

[4]DONALD B R, PAI D K, XAVIER P G. What should a roboticist do next? a progress report from the cornell computer science robotics laboratory[R]. Cornell University, 1989.

[5]清华大学智能机器人研究中心[EB/OL]. [2020-07-29]. https://www.au.tsinghua.edu. cn/info/1014/2212.htm.

[6]东北大学机器人科学与工程学院[EB/OL]. [2015-10-12]. http://www.cas.cn/cm/ 201510/t20151012/2212.htm.

[7]武汉大学先进机器人与智能控制实验室[EB/OL]. [2020-09-17]. http://aric.whu.edu. cn/.

[8]武汉大学智能机器人实验室[EB/OL]. [2023-10-23]. https://mp.weixin.qq.com/s/ c3NuW9Tc4uoo xLBL60VeaA.

[9]KUCUK S, BINGUL Z. Robot kinematics: Forward and inverse kinematics[M]. London: INTECH Open Access Publisher London, UK, 2006.

[10]LATOMBE J C. Robot motion planning: volume 124[M]. Springer Science & Business Media, 2012.

[11]GASPARETTO A, BOSCARIOL P, LANZUTTI A, et al. Path planning and trajectory planning algorithms: A general overview[J]. Motion and Operation Planning of Robotic Systems: Background and Practical Approaches, 2015: 3-27.

[12]GUL F, RAHIMAN W, NAZLI ALHADY S S. A comprehensive study for robot navigation

techniques[J]. Cogent Engineering, 2019, 6(1): 1632046.

[13]MENG X, WANG S, CAO Z, et al. A review of quadruped robots and environment perception[C]//2016 35th Chinese Control Conference(CCC). IEEE, 2016: 6350-6356.

[14]ARKIN R C, MURPHY R R. Autonomous navigation in a manufacturing environment [J]. IEEE transactions on robotics and automation, 1990, 6(4): 445-454.

[15]BHATTI J, PLUMMER A, IRAVANI P, et al. A survey of dynamic robot legged locomotion[C]//2015 International Conference on Fluid Power and Mechatronics(FPM). IEEE, 2015: 770-775.

[16]TAKETOMI T, UCHIYAMA H, IKEDA S. Visual slam algorithms: A survey from 2010 to 2016[J]. IPSJ Transactions on Computer Vision and Applications, 2017, 9(1): 1-11.

[17]ZHAO Z Q, ZHENG P, XU S T, et al. Object detection with deep learning: A review[J]. IEEE transactions on neural networks and learning systems, 2019, 30(11): 3212-3232.

[18]FEATHERSTONE R, ORIN D. Robot dynamics: equations and algorithms [C]// Proceedings 2000 ICRA. Millennium Conference. IEEE International Conference on Robotics and Automation. Symposia Proceedings IEEE, 2000(1): 826-834.

[19]CORREA J, SOTO A. Active visual perception for mobile robot localization[J]. Journal of Intelligent and Robotic Systems, 2010, 58: 339-354.

[20]PANDEY A, PANDEY S, PARHI D. Mobile robot navigation and obstacle avoidance techniques: A review[J]. Int Rob Auto J, 2017, 2(3): 00022.

[21]CHEN Y, ZHOU Y, LV Q, et al. A review of v-slam [C]//2018 IEEE International Conference on Information and Automation (ICIA). IEEE, 2018: 603-608.

[22]WOODMAN O J. An introduction to inertial navigation [R]. University of Cambridge, Computer Laboratory, 2007.

国家级实验教学示范中心建设举措浅谈

何　珊　刘慧明

摘要：从 2005 年"国家级实验教学示范中心"建设工作开始，总结十余年来武汉大学在国家级实验教学示范中心建设工作中的举措以及取得的成效，并对示范中心未来发展进行了展望，以期能为相关高校实验室建设和实验教学改革等借鉴。

关键词：实验教学示范中心；建设举措；实验教学

一、前言

2005 年 5 月教育部发布《关于开展高等学校实验教学示范中心建设和评审工作的通知》(教高〔2005〕8 号)，正式启动了高校国家级实验教学示范中心建设工作。[1] 2007 年 5 月，教育部下发《关于开展高等学校实验教学示范中心建设和评审工作的补充通知》(教高〔2007〕10 号)，明确了国家级实验教学示范中心"以人为本"的建设原则，推进高等学校实验教学内容、方法、技术、手段、队伍、管理及实验教学模式的改革与创新，加强对学生实践能力和创新精神培养。[2] 同时，国家级实验教学示范中心(以下简称示范中心)建设范围由原来的公共基础、学科大类及学科综合实验中心深化到专业实验教学中心，学科类别也由原来的 11 个拓展至 33 个学科。教育部这一举措，成功地推动建成了学科门类齐全、地域分布广泛、兼顾不同学校类型的示范中心体系。自教育部于 2005 年启动示范中心的建设工作以来，共建设示范中心 895 个，其中湖北省 53 个，我校获建 10 个，数量居全国高校第三位。

在管理上，教育部对示范中心进行宏观管理，省级教育行政部门具体指导，高等学校作为建设和运行主体。每 5 年进行复审，并视情况进行中期检查或抽查，根据结果进行动态调整。2023 年 4 月，为进一步规范和加强国家级实验教学示范中心建设与管理，提升实验教学水平和实践育人能力，发挥示范引领作用，教育部印发了《教育部高等教育司关于开展国家级实验教学示范中心阶段性总结工作的通知》(教高司函〔2023〕3 号)启动了国家

通讯作者：何珊，硕士，研究方向：实验室建设与管理。
作者简介：刘慧明，博士，研究方向：实验室建设与管理。

级实验教学示范中心阶段性总结工作。[3]我校各国家级实验教学示范中心均积极组织开展阶段性总结工作，梳理了示范中心建设情况，并以本次阶段性总结工作为契机积极谋划下阶段发展，以期为支撑拔尖创新人才培养，服务国家科教兴国战略和人才强国战略提供更强有力支撑。

现将国家级实验教学示范中心建设和中期评估过程中取得的一些经验简要叙述，以期能为相关高校实验室建设和实验教学改革等借鉴，并起到积极的推动作用。

二、武汉大学示范中心建设举措

(一)创立体制机制

创立学校、学院二级管理体制，搭建了部门牵头、学院指导、中心建设三位一体的组织架构，由本科生院牵头示范中心实验、实践教学工作；实验室与设备管理处牵头实验条件建设工作；学院党政联席会、教授委员会、本科教学指导委员会、中心建设领导小组、示范中心教学指导委员会等指导中心建设规划，统筹中心建设、运行工作(见图1)。示范中心日常运行实行主任负责制，实验室和仪器设备管理实行岗位责任制，严格依照学校、学院和示范中心的各项规章制度开展各项工作，确保中心各项建设工作科学、高效和可持续性。

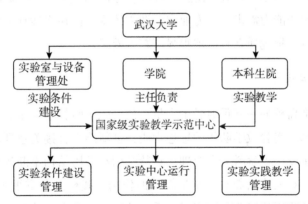

图1　武汉大学国家级实验教学示范中心管理组织架构

(二)改善实验条件

近年来，随着高等教育的跨越式发展、国家专项经费投入的增加，学校加大示范中心建设投入力度，我校通过"中央高校改善基本办学条件专项"、"双一流"专项经费、教育部贴息贷款项目投入示范中心建设，购置了先进设备、建设优质的实验教学资源，打造功能集约、资源优化的实验教学平台。同时，设立实验技术项目，推动科教融合，打破教学和科研的壁垒，积极把最新科研成果转化到实验教学中来，实现科研对教学反哺，使优质的学科资源在创新人才培养上发挥出了更大的效益。

以我校遥感信息工程实验教学中心为例，该中心自2018年以来积极争取各类专项经费，投入5333.96万元对实验室逐步进行重点升级和改造，设备台数从4351台增加到6227台，中心总建筑面积也从2018年的3381㎡增加到6030㎡。5年间，建设了遥感野外综合试验场、定量遥感立体监测、新工科智能遥感等教学实验平台，补齐了目前实验教学中遥感前端载荷设计、数据获取监测、地物波谱采集等实验仪器设备的欠缺，完成了国际一流的空天地一体、几何与定量结合的遥感对地观测实践创新教学平台建设，促进了全遥感链条实践教学体系的构建，服务于我校多个学科的实验教学和科学研究，切实推进了科教融合。

（三）创新教学体系

在示范中心建设的10余年中，各示范中心紧紧围绕学生实践能力和创新能力培养，根据学科定位和特色亮点，结合人才培养目标，规划实验课程，精选实验内容，设计实验项目，开展实验教学综合改革，建立了模块化、多层次、各具特色的实验教学体系。

我校电工电子实验教学示范中心以实验课程建设为根本，建设了"模块化实验、层次化难度、积木式课程、方向性应用"多专业兼容的层次化电子技术实验课程群和"基础融合、专业汇通、实践并轨"专业实验课程体系。构建"基础认知+专业实验+系统实训"层次递进式实验课程体系，按照"知识、技能、难度、方向"进行积木式规划和层次化难度设计，适应不同专业实践能力需求。在专业实验课程体系方面在实践环节实现教学内容与技术前沿的并轨，打造一批优质课程，取得显著育人效果。

（四）充实教学队伍

实验教学队伍是高校的一支重要骨干力量，是实施实验教学改革、实验室规划管理和实验室建设的主力军。实验教学队伍的思想素质、创新能力直接关系到示范中心建设水平和人才培养质量。建设一支学科分布合理、年龄结构和学历结构不断优化的、专兼职相结合的实验教学团队，对人才培养具有举足轻重的作用。我校十分重视实验教学队伍建设，致力于提高实验教学队伍的素质，制定了一系列政策加强教学团队建设。第一，大力引进优秀青年人才加入实验教学队伍，2016年以来，我校通过招聘高素质人才补充实验教学队伍，共引进博士、硕士近100名，其中80%以上为博士，有效优化了教学队伍的年龄和学历结构。第二，建立常态化教学研讨机制，提升队伍工作能力。自上而下组织不同层面的教学研讨，鼓励学院的学科带头人和硕士生导师、教授、博士直接参与中心的教学工作，其中包括杰青、优青等国字号人才，有效支撑了示范中心工作高水平的开展。第三，加强交流学习，激发创新。鼓励年轻教师深造，选派示范中心老师参加各类培训和会议，拓宽老师们的视野，提升工作能力。

三、展望

示范中心的建设极大地推动了我国高校实验教学改革和实验条件改善，但教育探索是永无止境的，高校国家级实验教学示范中心作为人才创新能力培养的重要基地，应保持"以人为本"的原则，明确人才培养的目标，不断创新人才培养思路。[4] 未来，如何进一步完善高校实验教学管理体系，如何促进高校优质教学资源的整合与共享，如何提升学校办学水平和教育质量，如何有力地推动学生动手能力、实践能力和创新能力培养，应是示范中心建设应持续关注的问题。示范中心建设是一个长期的过程，需要不断的改革和创新，任重而道远。[5][6]

◎ 参考文献

[1] 教育部. 关于开展高等学校实验教学示范中心建设和评审工作的通知：教高〔2005〕8号[Z]. 2005.

[2] 教育部. 教育部关于开展高等学校实验教学示范中心建设和评审工作的补充通知：教高〔2007〕10号[Z]. 2007.

[3] 教育部. 教育部高等教育司关于开展国家级实验教学示范中心阶段性总结工作的通知：教高司函〔2023〕3号[Z]. 2023.

[4] 张新详，黄凯，周永义，等. 国家级实验教学示范中心建设成果与展望[J]. 实验技术与管理，2017，34(1)：1-4.

[5] 毛桂芸. "双一流"建设背景下高等学校国家级实验教学示范中心建设与管理研究[J]. 中国现代教育装备，2020：343.

[6] 高东锋，李泰峰. 国家级实验教学示范中心建设回顾、总结与展望[J]. 实验技术与管理，2017，34(12)：1-5.

新文科实验教学中心建设路径探析

刘慧明　何　珊

　　摘要：新文科建设背景下，为更好地服务于人才培养目标，高校文科实验中心的建设正在稳步推进。本文以武汉大学文科实验教学中心的建设经验为例，提炼出新文科实验教学中心建设的主要特征，分析了当前建设中存在的问题，提出从建设实验教学团队、改革实验教学体系、提升实验教学中心硬件条件、推进数智技术与实验教学的融合，提升实验室管理智能化水平等方面加强新文科实验教学中心建设。

　　关键词：新文科实验教学中心；建设；人才培养

　　学科的交叉融合、新科技革命的发展、培养卓越人才的时代需求，孕育并推动着新文科的发展。教育部发布《"六卓越一拔尖"计划 2.0》后，新文科建设得到教育界和学术界的广泛关注，许多学者对新文科的理论内涵和逻辑进行了深入研究，但对于怎样将新文科建设与人才培养、教学改革等具体问题进行结合的研究还比较少。文科实验教学中心是体现新文科研究的新领域、新技术、新方法，探索实现实践育人、产教融合育人等新人才培养模式的重要场所，实验教学的整体创新和优化是新文科人才培养模式改革中的重要组成部分。因此深入探讨新文科实验教学中心建设如何更好地为人才培养服务，是一个必要的问题。

　　本文以武汉大学文科实验中心建设作为案例进行分析，尝试探究新文科背景下实验教学中心建设的共性特征和实践路径。

一、研究案例选取及思路

（一）案例选取

　　本书以武汉大学的文科实验教学中心作为研究案例，主要有三个方面的考虑：一是武汉大学文科门类较为齐全，具有典型性和代表性。武汉大学现有哲学、经济学、法学、教

　　作者简介：刘慧明，博士，研究方向：实验室建设与管理。
　　通讯作者：何珊，硕士，研究方向：实验室建设与管理。

育学、文学、历史学、管理学、艺术学等 8 个文科门类，其中 A 类学科 9 个，学科综合实力强，为文科实验中心建设和发展奠定坚实学科基础。二是实验教学中心由学院统一建设管理。在学校统一规划下，文科类学院将教学实验室合并重组为实验教学中心，现有 3 个国家级实验教学示范中心，5 个省级实验教学示范中心，12 个校级实验教学中心，不存在学院内部专业壁垒。三是实验教学中心建设相关的研究资料较易获得，在进行本研究之前，笔者收集了各实验中心的资料和信息，从中可以观察到武汉大学文科人才培养的特点和最新动向。

(二)研究思路

新文科建设的核心是对文科人才培养模式的彻底变革，本书首先对武汉大学实验教学中心建设的经验方式和特征进行归纳，再从人才培养目标、实验内容、实验技术、实验教学条件与管理、实验生态建设等五个方面展开分析。实验中心建设的核心内容是围绕着人才培养开展的，人才培养目标不仅规定了实验教学中心建设的方向，也决定了实现人才培养目标需要的实验内容、实验技术、教学条件、实验生态系统。

二、武汉大学文科实验教学中心建设案例分析

武汉大学的文科实验教学中心在建设方面体现了不同侧重的转型发展逻辑，既有共通之处，也有各自的学科特色。

(一)人才培养目标：注重知识、能力、素质综合发展

武汉大学始终将"厚基础、宽口径、高素质、强能力"的创新型复合人才作为本科教学的人才培养目标。对应这一人才培养目标新文科人才培养强调文科基础的融通性①，在人才培养目标上打破传统文科专业单一片面的知识结构、素质结构和能力结构，强调专业知识、素质和能力的交叉融合，在人才培养系统上向培养具有跨学科知识结构、扎实专业技能的融合创新型人才的系统转型。在《武汉大学本科人才培养方案(2023 版)》中要求以新文科建设带动专业结构调整，打破学院壁垒，促进学科专业间的交叉融合，人文社科类本科专业中实验实践教学环节累计学分不低于总学分的 15%，以强化学生知识体系构建和素质能力培养。

这一转型体现在文科实验教学中心建设中，则表现为实验中心根据人才培养目标，由侧重于知识的传授向注重学生实验实践、创新能力培养，综合素质提升转型(见表1)。在学生获取学科知识的基础上，通过实验和实践活动的设计，锻炼学生专业技能，培养学生自主学习能力、批判性思维，以及知识应用能力、创新能力等综合能力。在实践活动中，

---

① "新文科"要培养什么样的人才，《光明日报》(2019 年 5 月 20 日 08 版)。

提升学生的责任感、领导力等综合素质，强调学生的综合全面发展。

表 1 　　　　　　　武汉大学部分人文社科学院实验教学中心人才培养目标

单位	知识目标	能力目标	素质目标
文学院	掌握汉语言文学的基本知识与理论	习得运用和分析知识的能力和方法	德才兼备的复合型文科人才
新闻与传播学院	掌握新闻学、广播电视学、广告学、传播学专业前沿技术、文化和研究方法，专业技能	思维敏锐，能胜任传媒行业实际工作	理想信念坚定、有社会责任感和国际视野，具有创新精神和可发展潜力
经济与管理学院	具有扎实的经济学、管理学基础知识和理论，掌握现代经济学方法	熟悉中国经济运行与改革实践，适应能力和实际工作工作能力强	具有国际视野、人文情怀、创新精神和专业素养的德才兼备、可持续发展的拔尖创新人才
法学院	具有中国特色法治理念、扎实专业知识技能	具有精湛国际交流能力，适应法治国家、法治政府、法治社会建设新任务新要求	强烈社会责任感和良好人文修养的卓越法治人才
信息管理学	具备现代信息管理学理论基础、信息技术与方法	适应社会发展需求的实践能力	德智体美劳全面发展，具有历史使命感与社会责任心、富有创新精神和国际视野的信息管理类拔尖创新人才

资料来源：《武汉大学本科人才培养方案(2023 版)》。

(二) 实验教学内容：多学科/跨学科交叉融合

新文科培养的人才在达到本学科人才培养核心要求下，还应具有多元化知识体系和跨学科技术运用能力。对标这一目标，武汉大学实验教学中心在具体课程的教学内容中优化教学大纲，加大对传统文科实验教学内容改造力度，体现出交叉学科知识的融合发展趋势，完善学生的综合知识结构。

瓦斯克斯等学者根据不同学科之间的交叉融合和依存联系程度，将课程整合模式分为多学科整合、跨学科整合等类型。其中多学科整合是围绕特定教学主题，使用多门独立的相关学科课程内容，并在相对同一教学周期内开展教学。跨学科整合是将学科知识融入单元或主题之中，成为服务于解决现实问题的主要内容，不再将学科作为课程的组织中心[1]。这两种学科整合类型在武汉大学文科实验教学中都存在。

图书情报国家级实验教学示范中心在学院新增"大数据管理与应用专业"后，迅速调整实验教学内容，新开 23 门实验课程，课程内容涵盖了计算机、信息管理、金融、财务、

---

[1] 新文科人才培养何以实现？https：//www.fjsmu.edu.cn/fzghc/2022/0118/c1857a121437/page.htm。

心理学、社会学、出版学等多学科内容，这种实验课程类型属于多学科整合模式，即围绕本学科人才培养需要，不同学科开设课程，实验中心需要有能力对实验教学体系和内容进行整合。

弘毅学堂开设的"政治学、经济学与哲学"（PPE）专业，在实验实践教学中属于跨学科整合模式，课程类型分为通识教育、公共基础课程、专业教育课程，学生选课范围涵盖了涉及法学、经济与管理学院、政治与公共管理学院、社会学、外语、数学、计算机等学院实验教学中心开设的实验实践课程，课程整合过程中重视学生主体性，有利于学生搭建跨学科知识体系。在这种模式下，各实验中心主要是根据本科人才培养方案，提供相应教学内容。

（三）实验技术：数智化

数智技术的加速发展，为文科实验教学中心提供了新的实验技术，开拓了新的教学场景。推进数智技术与实验教学的融合，整合技术思维和社会科学思维以重构学生培养模式[①]，是武汉大学实验教学中心建设的主要工作之一。各中心对数智技术的应用，主要呈现出三种趋势。

1. 推进虚拟仿真技术与实验教学的融合，丰富实验教学内容和方法

虚拟仿真技术可以打破时空限制，增加教学过程中的互动性，提高学生学习积极性，一种方式是建设虚拟仿真实验教学课程资源。各实验中心积极参与建设，已有 2 项通过国家级虚拟仿真实验教学一流课程立项，7 项通过省级虚拟仿真实验教学一流课程立项。另一种方式是在实验中直接运用虚拟仿真技术。哲学院实验中心搭建了虚拟仿真实验教学平台采用虚拟仿真技术来模拟脑电、眼动、生理多导仪的操作流程和实验流程，解决现实中严重仪器损耗问题，让学生不限次数地进行交互式学习，从而帮助学生快速熟悉仪器的使用方法。

2. 建设数据资源存储和使用平台，为实验教学提供技术支持和保障

图书情报国家级实验教学示范中心建设了数据归档与长期保存实验平台、数据资源池、知识组织与检索实验平台、知识分析与数据挖掘实验平台、领域知识可视化交互服务实验平台。这些实验平台相互补充，形成了以信息流为纽带的一体化实验教学平台。平台通过硬件资源的虚拟化，实现对虚拟资源、业务资源、用户资源的集中管理，这些实验平台既富有专业特色，又能以信息技术支撑人文社会通用教学科研数据的处理，体现了技术赋能的新文科建设特色。

3. 建设线上线下融合教学模式，为学生提供丰富的学习形式

文学院实践教学中心向学生提供主干课程的教学大纲、电子教案、多媒体课件、习题

---

① 陈先才，胡雪儿. 整合重构：新文科背景下的社会科学实验室建设路径探析[J]. 山东大学学报（哲学社会科学版），2023（2）：185-192.

与训练项目、试题库、电子教材等教学资源的下载，在网络上形成较完善的配套教辅资源，为学生专业学习形成了有益补充，线下课堂和线上资源共同支撑实践教学。

（四）实验条件与管理：现代化与智能化

先进实验教学技术的应用需要实验教学条件的配套支持，近年来学校大力推进文科实验教学中心硬件设施建设。一是建设泛在化实验教学环境。法学实验教学示范中心搭建以学生自主学习为中心，"线上线下、校内校外、课前课中课后"全覆盖，跨时空、全天候、多终端，融线上实验教学资源管理、实验教学课程管理、实验实践课程体系、实验教学评估管理为一体的法学综合实验教学平台，建设泛在化实验教学环境，方便师生跨时空、全天候、多终端访问学习。二是提升实验中心硬件条件。实验中心根据教学需求，购置大量先进教学设备。多个中心建有录播系统，可同时满足录播与直播功能，具备制作网络精品课程的环境。经济与管理国家级实验教学示范中心新建了量化投资实验室、金融科技实验室、行为科学实验室、营销实验室等多个实验室，具备先进的仪器设备、计算机设备和数据资源，能够满足不同实验教学课程的要求。三是建设智慧型实验室。推进实验室智能化建设和信息化管理。多个中心建设实验室智能管理系统，实现中心全天候开放，进一步提升学生学习便捷度。新闻传播学国家级实验教学示范中心的智能化管理系统由实验室使用预约系统、实验设备借还系统、门禁与监控系统等10个功能模块组成。可实现实验室自动化管理，实验设备的无人借还，实验室远程预约，用户集成、校园卡集成，实现智能化管理后，实验室预约次数同比增长2.1倍，设备预约次数同比增长1.7倍。

（五）实验生态系统：协同育人

武汉大学实验教学中心着力打造多样化平台，为拔尖创新型人才培养提供训练场地。一种方式是校企合作，共建现代实验室。图书情报国家级实验教学示范中心通过引进企事业先进技术，建设了7个共建实验室，培养学生的知识技能。第二种方式是产教融合，共建实习实践基地。实验中心与企事业单位深度合作，新闻与传播学院与《人民日报》《光明日报》、新华社等单位共建实践基地，安排学生到企业实践实习，提升学生的知识运用能力和创新创业能力。第三种方式是开放共享，搭建竞赛平台。实验中心以赛促学，引导学生参与竞赛和创新创业活动。经济与管理国家级实验教学示范中心充分整合校内创业教育资源，联合其他单位共同开展创业综合模拟类竞赛，发挥校友优势邀请创业明星校友进行创业讲座或论坛，开放实验室优质资源，形成全校学生积极参与的氛围。

三、结论与建议

（一）主要结论

武汉大学文科实验教学中心在建设中有下列一些做法值得借鉴：

第一，在人才培养目标上，都要求学生具有扎实专业技能，完成从知识习得到实践能力，再到应用能力的发展，提升学生综合素质。

第二，在教学内容上，积极响应学科建设和专业培养需求，树立大实验观，调整实验实践教学内容，体现多学科/跨学科融合，以培养学生知识应用能力为导向。

第三，融合数智技术，优化实验技术和实验教学管理。为学生提供"人人皆能学"的优质实验教学资源，建设"时时处处皆可学"的优良实验环境。

第四，打造协同育人开放实验室新生态。积极推进校企合作，产教融合，开放实验室优质资源，以竞赛为引导，以赛促学，锻炼学生创新创业能力。

这些特点集中体现了新文科背景下文科实验中心建设的四大转变：

一是实验教学模式从课程实验到大实验的转变。新文科背景下的实验教学是融课堂实验、学习实践和知识应用为一体的立体化实验实践教学，实验中心需要积极推进产教融合、科教融合，为学生提供协同育人的实验实践教学环境。

二是实验教学内容从单一学科到跨学科交叉融合的转变。新文科背景下的人才培养目标和课程结构十分强调跨学科交叉融合，实验教学内容必须响应这一转变。

三是实验技术向数智化方向转型。实验中心利用数智技术突破实验教学的时空限制，为学生创造良好的实验教学条件，同时培训学生学习数智技术和使用先进设备，完善学生知识结构，拓展学生研究边界。

四是实验教学设备从单一设备向多样性现代化设备转变。传统的文科实验室设备以计算机为主，但随着自然科学研究方法在文科中的应用，脑电设备、眼动仪、混合现实眼镜、虚拟现实头盔、光学显微镜等实验设备在文科实验教学中得到了广泛应用。

五是实验中心管理方式从人工管理向智能化转变。多个实验中心建设智能化实验室管理平台，对实验中心教学、设备、预约、安全等进行智能化管理。

武汉大学实验教学中心建设取得一些成效，但也面临不少问题和瓶颈：

一是实验教学队伍建设急需加强。实验内容更新，实验体系建设、实验条件改善的关键之一在于实验教学队伍。学校文科实验教学中心现有的实验教学人才队伍的规模和能力难以满足新文科背景下实验中心的建设发展需求。实现跨学科融合，需要教师进行课程规划和设计，但目前教师在理论教学和科研上投入多，愿意钻研实验教学的教师少。实验技术人员专业素质不强，对实验教学的研究、设计和投入少等问题仍存在。

二是部分学院对实验教学重视程度不够。由于学科不同，各学院对实验教学中心的建设和投入力度差异度较大，有学院在人才培养方案中实验教学计划学时少，实验实践课程设置偏少，新技术引入少，对理论教学的支撑互补作用不够。

三是数智技术不能完全支持文科实验教学中的复杂场景教学。现有虚拟仿真实验技术不能完全模拟反映现实场景教学的复杂性和师生之间的互动性，已完成的实验教学项目后续升级完善空间不大。

（二）开展新文科实验教学中心建设的建议

从武汉大学新文科实验教学中心的建设实践来看，积极推进实验教学中心建设的转型，是实验室工作的大势所趋。在中心建设中可考虑从以下四个方面着手：

1. 建设实验教学团队

优秀的实验教学团队是开展文科实验中心建设的主力军，实验教学团队应包含不同学科背景的教师和实验技术人员。实验教学内容的设计和开展是实验教学中心的核心工作，需要有不同学科背景的教师共同进行实验教学内容开发，团队成员要关注技术发展前沿，具有引领实验教学改革的意识。

2. 实验教学体系建设要突出学科特色

实验教学内容体系建设是实验中心建设的核心工作，它不是跨学科知识、新技术、新方法的简单叠加，而是要突出学科特色，在体系构建中处理好新技术、跨学科融合与本学科之间的关系，跨学科融合是基于本学科立场，发展出的新交叉领域和创新方向，新技术则为学科发展提供新的研究工具和方法。通过设计多样化的实验课程，培养学生创新精神和解决问题的能力。

3. 提升实验教学中心硬件条件

对落后的教学设备升级改造，引入新的教学设备和技术，满足开展实验教学的需求。

4. 推进数智技术与实验教学的融合，提升实验室管理智能化水平

深入推进数智技术与实验教学的融合，为实验教学提供新的工具、方法和内容；提升实验室智能化管理水平，提高管理效率，实现资源共享。

◎ 参考文献

[1]陈海嵩，郑玉芝. 新文科建设背景下法学实验室建设的若干思考[J]. 法学教育研究，2023，41(2)：275-290.

[2]陈先才，胡雪儿. 整合重构：新文科背景下的社会科学实验室建设路径探析[J]. 山东大学学报(哲学社会科学版)，2023(2)：185-192.

[3]胡菲菲，张思思. "新文科"背景下高校文科实验室建设特点与趋向[J]. 实验技术与管理，2023，40(1)：221-226.

[4]周善东. 新文科背景下文科实验室建设的几点思考[J]. 科技视界，2021(13).

[5]"新文科"要培养什么样的人才[N]. 光明日报，2019-05-20(15).

[6]新文科人才培养何以实现？[EB/OL]. https：//www. fjsmu. edu. cn/fzghc/2022/0118/c1857a121437/page. htm.

[7]周江林. 我国文科实验室建设的当代价值与实践进路[J]. 宁波大学学报(教育科学版)，2023，45(4)：10-16.

实验室安全

综合性高校实验室安全教育体系构建与实现途径

石俊枝

摘要：本文从国家、教育部的政策要求，实验室安全事故预防，人才培养需求等层面分析了实验室安全教育工作的必要性，分析了目前高校实验室安全教育培训存在的问题和薄弱环节，构建了适合综合性高校的实验室安全教育体系，并提出了实现的主要途径。

关键词：高校；实验室安全；教育培训；课程；人才培养

高校实验室是开展实验教学和科研创新的主要阵地，是支撑人才培养和科学研究的重要场所。近年来，随着教学任务量增加，科研实验室规模不断扩大，仪器设备和实验耗材种类及数量逐渐增多。同时，学科交叉研究、新型实验材料等因素带来实验室潜在安全隐患和风险日渐凸显，高校实验室安全事故时有发生。从规模扩大到质量提升、实力增强，从高等教育大国不断迈向高等教育强国的重要时期，如何通过构建完善的实验室安全教育体系，提升师生的安全意识，保障实验室安全运行的同时能够为国家培养高水平的人才，是值得各高校探索与研究的重要内容。

一、实验室安全教育的必要性

(一)政策需求

2019 年教育部办公厅发出《关于进一步加强高校实验室安全工作的意见》要求高校狠抓实验室安全教育培训，一旦发生安全事故要倒查培训责任。2021 年《教育部办公厅关于开展加强高校实验室安全专项行动的通知》中明确要强化实验室安全教育体系建设，把实验室安全教育纳入学生的培养环节中。2023 年《高等学校实验室安全规范》中分别将建立健全实验室安全教育培训与准入体系、结合专业特点开展教育培训、开展实验室安全技能培训作为校级、二级单位、实验室各级责任的重要内容。

作者简介：石俊枝，武汉大学实验室与设备管理处。

(二)事故预防要求

近年来，高校实验室安全事故时有发生，2018 年北京某大学发生较大实验室安全燃爆事故，导致 3 名研究生死亡。事故致因"2-4"模型[1][2]认为：事故发生的直接原因是不安全动作和不安全物态，间接原因是安全知识不足、安全意识不强、安全习惯不佳、安全心理不佳和安全生理不佳。据统计，88%以上的事故是由人的不安全动作引起的[3]，且大多数不安全物态的发生也是由不安全动作触发引起的。由此可见，对师生开展教育培训是保障实验室安全的重要手段。

(三)人才培养的重要内容

立德树人是高校的根本任务，也是人才培养的重要理念。而安全教育从属于德育范畴，通过安全教育，转变"要我安全"到"我要安全"观念，培养安全责任及担当意识，自觉树立遵守实验室安全行为理念意识，增强尊重生命、敬畏生命价值认同感。

二、高校实验室安全教育存在的问题

(一)实验室安全课程没有形成完整体系

目前，已有部分高校设置了实验室安全必修课程或者选修课程，但是课程内容比较单一，局限于化工、化学类安全专业内容，缺乏生物安全、机械安全、废弃物处置、实验室水电、消防、应急等通用实验室安全内容，缺乏从事安全教育的专业教师队伍。目前我国许多高校的安全教育培训工作是由管理人员或兼职教师负责，大部分缺乏相关的安全工程背景，专业知识与教育原理储备还不充足。

(二)实验室安全教育资源缺乏

实验室安全教材以各高校编写的实验室安全手册为主，系统化的实验室安全教育教材缺乏，"十三五"规划教材中实验室安全相关的教材比较少，不能满足目前高校不同专业对于实验室安全教育培训的需求。实验室安全教育具有较强的实践性[4]，只有多采用实操性教学方式，才能取得较好的教学效果。但是，现有的实践教学资源不足以支撑"全员、全程、全面"的安全教育原则及要求。

(三)实验室安全教育流于形式，实效性不强

教育部将实验室安全教育培训情况列入检查内容，各高校在具体执行的过程中存在重形式、轻实效的问题。一方面，安全教育培训满足于参加并通过考试，为了完成指标、留存痕迹而开展教育培训；另一方面，没有建立有效的学习效果评价体系，一旦在具体实践

中遇到问题，不能将理论与实际相结合来消除隐患、解决问题。

三、综合性高校实验室安全教育体系的构建

(一)建立分工明确的实验室安全培训责任体系

建立校-院-实验室三级联动的实验室安全培训责任体系。学校层面定期开展实验室安全管理人员培训班，培训对象覆盖校领导、二级单位实验室安全分管领导、安全管理员、职能部门管理人员、实验室负责人、实验技术人员。二级单位层面根据危险源特色组织培训讲座，所在单位的师生全覆盖参与学习，督促全体新进师生参加实验室安全知识学习和准入考试。实验室负责人或者研究生导师将实验室安全教育纳入工作职责，对新进实验室人员告知安全风险并组织设备操作、试剂使用、气体使用、应急处置等方面的实操培训。将教育培训责任内容体现在责任书的重要条款中，一旦发生事故，要层层倒查安全培训责任。

(二)建立与危险源相关联的实验室安全准入学习与考核

实验室安全教育培训内容要与实验室使用的危险源紧密相关，建立与实验室危险化学品、动物及病原微生物、放射源与射线装置、激光与特种设备等重要危险源相关联的教育培训体系。通过信息化手段将师生身份信息与所在学院、实验室设计的危险源建立一一对应关系，从学习资源中匹配相应的知识内容作为必修、必学任务点，从相应的题库中匹配考试题目形成试卷，要求在规定的时间内完成学习任务和考试，方可获得实验室安全准入证书。通过危险源与学习考试内容匹配可提高实验室安全教育的针对性和精准性，提升教育培训的时效性。

(三)建设系统性的实验室安全课程与教材

成立包含10人左右学校相关领域教师组成的实验室安全课程团队，研究制定实验室安全课程教学大纲，通过集体备课完善课程章节与内容。建设包含化学品安全与环保、实验室气体安全、病毒与医学生物安全、实验室应急急救、通用生物安全、实验室粉尘爆炸、实验室激光安全与防护、实验室安全管理、实验室消防安全、实验室安全与防护等相关课程内容。实验室安全课程根据各学科专业特色，涉及相关危险源的专业可选择性开设课程，其中化学、生命科学、物理、材料、环境、医学、药学等专业应设置为必修课程，课程作为研究生及本科生公选课供学校其他专业的学生选修。以课程建设为依托，申请"十四五"规划教材，填补高校特别是综合性高校实验室安全教材的空白，解决学科交叉融合后实验室安全管理与培训问题。

（四）加强实操层面的实验室安全教育培训

将建设实验室安全实操视频系列课程、实验室安全虚拟仿真课程作为实验室安全信息化建设的重要内容。结合学校实际情况开发药品试剂使用、危险设备操作、气体规范操作、应急喷淋使用、灭火器使用等视频与虚拟仿真课程，达到沉浸式学习与体验式学习的效果。实验室定期开展化学品燃烧泄漏、病原微生物泄漏、实验动物咬伤、放射性物质泄漏、可燃气体泄漏等实验室常见突发事故的应急演练活动，在演练中不断完善实验室安全应急预案，实现人人会安全、个个能应急。

（五）全方位营造校园实验室安全文化氛围

持续开展实验室安全教育宣传活动。以武汉大学为例，已连续八年开展实验室安全教育宣传月活动，开展了实验室安全为主题的知识竞赛、辩论赛、演讲比赛、创意作品大赛等活动，调动全校师生共同关注实验室安全。开展星级安全实验室评选活动，通过评选出的具备安全管理特色的实验室以点带面带动全校范围的实验室共同建立安全高效环保的实验室环境。开展实验室安全技能大赛，促进学生重视发现实验室安全隐患，形成良好的职业安全素养和安全意识。

四、结语

实验室安全教育培训是复杂而艰巨的工作，不但关系到师生生命健康与校园安全稳定，更关系到为国家培养合格的具备安全素养和安全意识的人才，进而辐射社会各行各业、千家万户。因此，各高校要将建立"全面、全程、全员"的教育培训体系作为工作目标，推进实验室安全教育培训精准化、系统化、专业化。

◎ **参考文献**

[1]傅贵，王秀明，李亚．事故致因"2-4"模型及其事故原因因素编码研究[J]．安全与环境学报，2017，17（3）：1003-1008.

[2]高敏．高校实验室安全教育的问题思考与体系优化[J]．实验室研究与探索，2023，42（3）：304-308.

[3]李响妹，陈建铭，蔡荔，等．实验室安全教育培训与考试系统开发[J]．实验室研究与探索，2023，42（1）：321-324.

[4]郑前进，杜莉莉．高校教学实验室安全教育的探索[J]．中国现代教育装备，2023（5）：54-56.

校企共建安全用电教学实验室的设计与实践

滕　芸　翟　显　廖冬梅

摘要：针对校企共建实验室鲜有用于实验室安全教学的现状，本文以武汉大学与公牛集团共建的安全用电教学实验室的策划为案例，通过前期对双方特色与需求的分析调研确定了共建实验室的目标定位。基于此从参观动线规划、展示内容选择及实践教学互动环节设计三方面，在充分满足实验室安全教学需求的同时，从中国制造角度开展实验室课程思政，并帮助企业提升社会形象。

关键词：校企共建；实验室安全；实践教学；安全用电

一、引言

2017 年国务院办公厅发布《关于深化产教融合的若干意见》，提出了鼓励企业和高校共建实验室，加强产教融合实训环境、平台和载体建设[1]。2018 年教育部发布《关于加快建设高水平本科教育全面提高人才培养能力的意见》，指出要推动创新创业教育与专业教育、思想政治教育紧密结合，深化创新创业课程体系、教学方法、实践训练等领域改革[2]。2019 年 3 月教育部颁布《建设产教融合型企业实施办法(试行)》，并于同年 10 月发布了《试点建设培育国家产教融合型企业工作方案》，要求试点企业在实训基地、学科专业、教学课程建设等方面稳定开展校企合作[3][4]。2021 年 7 月国家发展改革委、教育部联合公布产教融合型企业名单，包括公牛集团在内的 63 家企业被认定为国家产教融合型企业[5]。这一系列政策文件的颁布体现了我国高等教育正处于适应国家战略发展需求的关键阶段。文件出台后，各高校、职业院校积极响应国家号召，通过各种途径尝试建设校企共建实验室，目前大部分共建实验室主要面向高校热门新兴专业，尤其在应用型高校和职业院校，大多以帮助学生了解企业技术需求为目标，在专业学习的同时规划未来职业方向；双一流高校的共建实验室则普遍更侧重于与企业合作的科研项目开发[6][7]。目前，校企共建实验室服务于基础学科、课程思政教育、底线教育如实验室安全内容的较少。

作者简介：滕芸，动力与机械学院，实验师。
翟显，动力与机械学院，实验师。
廖冬梅，动力与机械学院，教授级高级实验师。

据统计，火灾和爆炸是高校实验室事故的主要类型，占比高达85%以上[8]。另根据中华人民共和国应急管理部消防救援局公布的数据，在近十年全国室内场所发生的火灾事故中，电气火灾占比达42.7%[9]。教育部2023年修订的行业标准《高等学校实验室消防安全管理规范》(JY/T 0616—2023)中规定，高校有开展师生消防法律法规和防火安全知识教育的职责[10]。可见，安全教育尤其是安全用电教育是提高学生安全防范意识和自我保护能力的重中之重。为响应国家对安全教育的重视以及对校企合作的鼓励，武汉大学与公牛集团依托武大动力与机械学院共同建设安全用电实验室，依托面向全校本科生的通识教育课程"实验室安全哲学与应急实践"、面向研究生的全校公选课"研究生实验安全技术"，充分利用公牛集团的产品资源，共同发掘学生学习兴趣，培养学生实践能力，并为本校学生和企业卓工班学生提供实践课程。本文将从校企特色与需求分析、共建实验室建设目标定位、内容设计等方面对安全用电实验室的建设规划展开介绍。

二、校企双方的特色及需求分析

在开展实验室建设规划前，需要先与共建企业做好充分沟通与交流，调研双方的特色和需求，在此基础上确定共建实验室的建设定位。在最大化发挥双方优势特色的同时，既满足企业需求又尽可能优化学生学习实践的环境及设备条件，达到互补共赢的最优效果。以武汉大学与公牛集团共建的安全用电实验室为例，前期调研双方特色与需求如表1所示。

表1 校企双方特色与需求表

	特 色	需 求
校方 武汉大学	1. 拥有具备优质师资的教学团队，基础实验设备，以及可保障开展实践实验教学的充足场所； 2. 具备丰富的科技人才储备和成熟的科研团队。	1. 需要企业为共建实验室提供企业资源（设备）、建设资金等； 2. 需要企业配合共建实验室开展安全用电实物案例教学活动，提升高校在行业内的优势和影响力。
企方 公牛集团	1. 行业龙头，是国内同类生产开关插座等用电产品中的领军企业； 2. 具备丰富的实践资源和用户经验数据，能为共建实验室和实践项目提供大量实际案例。	1. 需要高校为公牛新能源卓工班提供师资、教学仪器、课程培训和开展实践实验的场地； 2. 提高企业品牌知名度和社会形象，吸引潜在人才。

三、共建实验室目标定位

根据调研结果，结合武汉大学动机学院专业和企业特色及双方需求，确定共建实验室的目标定位如下：

（1）成为武汉大学安全用电陈列室、师生安全用电培训教育基地，为全校师生和公牛卓工班学生提供安全用电培训课程。

（2）为武大课程"实验室安全哲学与应急实践（本科生通识课）"与"研究生实验安全技术（研究生课程思政示范课程）"提供实操环节。同时也为公牛新能源卓工班学生提供实践实习场所。

（3）除以上用途外，该场地在课余时间也同时为学校和学院开展机械创新、节能减排、机器人等竞赛和大学生创新创业项目提供场所。

四、内容设计

根据上述目标定位，将实验大厅分为两大功能区：参观演示区域和教学区域。其中，参观演示区主要用于展示和宣传企业技术优势与特色，包括最有代表性的前沿科技产品的场景应用。教学区域则主要为安全用电相关课程提供教学和实操环节的场地。实验室内电气、储能产品和智能家居系列均由公牛集团提供，一方面从企业角度可宣传中国制造，弘扬民族品牌；另一方面从教学角度，以民族制造作为切入点可实现实验教学课程思政的效果，增强学生的民族自豪感。

（一）参观动线规划

参观及演示区域的动线设计如图 1 所示，根据企业主营业务特色和优势分为 8 个环节，各环节的布展方案如下。

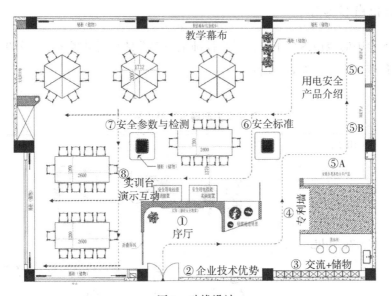

图 1　动线设计

(1)公牛公司简介、安全用电宣传：在序厅处使用大屏滚动播放企业简介、安全用电理念，提高企业知名度和有责任感的社会形象。

(2)企业技术优势：以平面爆炸图或核心零部件特写形式展示安全用电产品技术原理及优势。

(3)产品应用场景展示：将企业智能家居产品如安全插座、开关面板、空气开关、智能照明等产品融入大厅角落区域，在做产品应用场景展示的同时，为师生及访客提供交流和储物空间。

(4)企业专利证书展示墙：将公牛集团所取得的代表性产品的专利证书展出，宣传企业开拓进取、持续创新的形象。

(5)A、B、C三类安全用电产品场景应用详述：选择生活、学习、工作日常所需的几类安全用电产品，在科普安全用电知识的情境下推广产品的应用面。

(6)公牛参与制定的国标行标：作为国产用电产品行业领军企业，将公牛所参与制定的国标和行标展出，在普及相关安全标准的同时显示品牌权威性。

(7)科普关键安全参数与检测：此处使用挂屏展示安全用电的技术参数，如绝缘电阻、接地电阻、安全距离、安全载流量等参数标准和实验检测步骤等，或滚动播放安全用电技能实操、触电急救、心肺复苏等教学视频，显示安全用电的科学性。

(8)实训台上的演示互动：放置2台安全用电技能实训装置，为学生示范教学和与参观者互动。

最后回到序厅①，扫码完成小程序上的安全用电测试题，通过后可领取奖品或证书，从而再次加深对①和②的印象，使参观动线形成完整闭环。

(二)展柜内容选择

动线第5步中的展柜内容主要针对高校师生在三类日常用电场景下，公牛所给出的安全用电方案和产品推介，如表2所示。

表2 各展柜主要展示产品内容

展柜	使用场景	代表产品
A	移动安全用电	

展柜	使用场景	代表产品
B	野外实习实践 安全用电	名称：300W 入门级 户外电源型号：GNV-Y13 电量：0.23度电电量　　名称：700W 进阶级户外电源(三色) 型号：GNV-Y16 电量：0.7度电电量　　名称：1800W 专业级 户外电源型号：GNV-Y118 电量：1.8度电电量
C	实验室 安全用电	

(1)A 展柜：移动安全用电。针对大学校园、学生和教工宿舍区的电动车、新能源汽车充电引起火灾的事故场景。

(2)B 展柜：野外实习实践安全用电。针对高校师生户外实习(如测绘、考古、土建施工、设计绘画等)、科考实践、团建野营等教学科研和社团活动场景。

(3)C 展柜：实验室安全用电。针对高校实验室日常安全用电以及研究机器人、智能车、无人机等智能设备时所需的便携式锂电池在使用时容易引发火灾等事故场景。内容展示的同时凸显"10 户中国家庭 7 户用公牛"的中国制造与民族品牌故事作为课程思政引入内容。

(三)实践教学环节设计

(1)基于安全用电实训装置，针对本科生可开设：直接触电的认识和实训操作、模拟人体在遭受电击时的电流途径、间接触电的认识和实训操作、模拟人体接触设备外壳引起的电击情况及人体电压大小、直接和间接触电保护等实训项目；针对研究生可在前述基础上增加：低压配电系统不同接地形式模拟(IT 系统、TT 系统、TN 系统)、等电位连接等实训项目，让不同层次的学生都能更直观地掌握安全用电相关的重、难知识点。

(2)参观者可使用实训台和万用表测量人体阻抗，用测电笔对新型安全用电插座和老旧普通插座进行对比测试，在科普万用表、测电笔等日常检测仪器使用方法的同时，让参观者更直观地体验新型安全插座在保障人身安全方面的优势。

五、结语

针对校企共建实验室专注于实验室安全的底线教育、课程思政教育等较少的现状，本文提供了一个具体的实践案例。通过前期与企业的充分沟通和调研，分析双方需求，确定了具备专业特色且互利共赢的目标定位。基于此设计共建实验室的各个环节，从参观动线规划、展柜内容选择和实践互动环节设计三方面，做到既能满足高校基础教学需求，从宣传中国制造、弘扬民族品牌的角度开展实验室课程思政，还能帮助企业提高社会形象，起到吸引潜在用户和人才的作用。

◎ 参考文献

[1] 国务院办公厅. 国务院办公厅关于深化产教融合的若干意见：国办发〔2017〕95号 [EB/OL]. [2017-12-19]. https：//www. gov. cn/zhengce/zhengceku/2017-12/19/content_5248564. htm.

[2] 中华人民共和国教育部. 教育部关于加快建设高水平本科教育全面提高人才培养能力的意见：教高〔2018〕2号 [EB/OL]. [2018-10-08]. http：//www. moe. gov. cn/srcsite/A08/s7056/201810/t20181017_351887. html.

[3] 中华人民共和国教育部. 国家发展改革委　教育部关于印发《建设产教融合型企业实施办法（试行）》的通知：发改社会〔2019〕590号 [EB/OL]. [2019-03-28]. http：//www. moe. gov. cn/jyb_xxgk/moe_1777/moe_1779/201904/W020190404377181465123. pdf.

[4] 中华人民共和国教育部. 国家发展改革委办公厅　教育部办公厅关于印发试点建设培育国家产教融合型企业工作方案的通知：发改办社会〔2019〕964号 [EB/OL]. [2019-10-12]. http：//www. moe. gov. cn/jyb_xxgk/moe_1777/moe_1779/202007/W020200715356441637017. pdf.

[5] 中华人民共和国教育部. 国家发展改革委办公厅、教育部办公厅关于印发产教融合型企业和产教融合试点城市名单的通知：发改办社会〔2021〕573号 [EB/OL]. [2021-07-16]. http：//www. moe. gov. cn/jyb_xxgk/moe_1777/moe_1779/202107/t20210722_546197. html.

[6] 张启英, 刘亚刚, 王典. 面向工程类专业校企共建实验室的探索 [J]. 实验室研究与探索, 2021, 40(4): 231-234.

[7] 张涛, 顾锋, 丁鹏. 面向需求的实验室校企共建模式探索 [J]. 实验室研究与探索, 2015, 34(5): 228-230.

[8] 李志红. 100起实验室安全事故统计分析及对策研究 [J]. 实验技术与管理, 2014, 31(4): 210-213, 216.

[9] 国家消防救援局. 近10年全国居住场所火灾造成11634人遇难 [EB/OL]. [2022-02-18]. https：//www. 119. gov. cn/gk/sjtj/2022/27328. shtml.

[10] 高等学校实验室消防安全管理规范：JY/T 0616—2023 [S]. 北京：中华人民共和国教育部, 2023.

高校实验室安全风险评价体系构建探索

陈雨平

摘要：以高校实验室为研究对象，分析高校实验室安全风险防范存在的问题及问题产生的原因。通过科学工具构建实验室风险评价指标体系，对实验室进行风险辨识与评估，探讨加强实验室安全风险管理的有效办法及途径。

关键词：高校实验室；安全风险；风险评价。

高校实验室安全风险评价体系的构建，对于保障师生的人身安全和实验室设备的安全运行具有重要意义。实验室是高校教学和科研的重要场所，但实验室中存在着各种危险因素，如化学品、高压电、高温、设备老化、人员操作不当等。构建安全风险评价体系可以对实验室中的危险因素进行全面评估，及时发现和排除安全隐患，从而保障师生的人身安全，保障实验室设备的安全运行。构建安全风险评价体系可以帮助高校实验室建立科学的管理制度和规范的操作流程，提高实验室管理水平，减少安全事故的发生。

一、国内外研究情况

国外的科研人员将实验室研究作为一种应用型研究，其重点在于其实用性，从实验室的风险管理体系到提高实验室工作的效能，以及风险防范有关的理论和方法。然而，目前国外关于科研实验室管理的实证分析很少见，更多集中在个体方面，具有一定的实际应用价值，在问题研究与改善方面还有待补充完善。

我国的学者对于如何维护和改进我国企业实验室安全风险防范制度已有了一个比较明确的了解，并逐渐形成了一些行之有效的建议和管理办法，但多侧重于对实验室安全风险防范的理论探讨，缺乏实验过程中可能发生的风险点及应对措施等实际工作的经验和总结。

二、实验室安全风险特点

选择并构造研发实验室的安全评估的方法，必须根据评估对象的特征开展工作，在高

作者简介：陈雨平，化学与分子科学学院，实验室安全办公室副主任。

校实验室中，存在一些重要的安全风险特点：

(1)化学试剂、易燃易爆、有毒物质的大量应用；

(2)有些实验对温度和压力有一定的相关规定，因此，高温设备或低压高压设备的出现会带来许多的安全隐患；

(3)在实验室里存在部分非专业人士，他们对实验室的环境不熟悉，对实验室的安全意识也比较差，这就导致了实验室存在安全性问题；

(4)在实施安全方针的同时，也存在着安全风险防范的隐患；

(5)随着实验多样化，实验室的工作量越来越大，所消耗的化学物质越来越多，品种越来越不稳定，实验人员的更新换代和扩大，以及仪器的频繁应用，在高负荷的环境下，安全风险也会增加。

三、安全风险识别评价指标体系构建

通过对高校实验室特性的分析，并在此基础上，通过进一步的调研和有关的研究，综合考量实验室类别、实验环境、人员变动及设备的可靠性，选择安全风险管理五要素，即目标及职责、法律法规管理制度、安全教育培训、风险管控及隐患排查治理、持续改进，建立化学实验室的安全因素识别的指标。

在实验室的基础上，将高校实验室安全评价指标体系划分成目标层、制约层和指标层三个层面。以国家相关管理条例、通用要求等为基础，通过查阅相关文件，收集全国各地化学实验室关于实验室安全风险防范的备案、检查清单，并在此基础上，通过安全评价指标问卷对各项目风险情况进行打分，确定实验室的风险管理权重，针对薄弱环节进行有效防范，最终形成一套针对本实验室的安全风险评估体系。

(一)安全风险评价指标

由于实验室在研发过程中存在的风险是多层次、难察觉、易忽略的，因此，要对其进行科学而合理的识别与评价，要确定影响评价结果的各种影响因子，从而形成一套科学、合理的评价指标。根据之前提到的风险管理要素分析建立实验室安全评价指标的 5 项一级指标和 15 项二级指标，见表 1。

(二)评价结果分析

为了进一步评价实验室安全现状，需对安全的各项指标进行评价。建立评价等级，该实验室安全评价等级可为 5 个等级，确定评价集合＝{很好，较好，中等，较差，很差}，为其赋值，即实验室安全性越高，则其评价得出的综合评分越高，见表 2。

表1   实验室安全评价指标体系

目 标 层	制 约 层	指 标 层
实验室安全	目标及职责	方针目标
		组织的岗位、职责和权限
		安全文化建设
	法律法规及管理制度	法律法规
		风险废物管理制度
		爆炸品、剧毒化学品、易制毒化学品和易制爆风险化学品的特殊管理制度
		气瓶、气体管路安全管理制度
	教育培训	教育培训管理
		日常安全演练
	安全风险管控及隐患排查治理	作业活动风险分级控制
		设备设施风险分级控制
		隐患排查治理
		重大风险源辨识和管理
	持续改进	绩效评定
		持续改进

表2   安全风险评价等级标准

评价得分区间	评价等级	含 义
[90~95)	很好	代表大部分指标状态良好，非常安全
[80~90)	较好	代表极少指标异常，多数指标运行良好
[70~80)	中等	代表部分指标异常，安全性处于基本可控状态
[60~70)	较差	代表多数指标异常，处于不太安全的状态
(55~60]	很差	代表大部分指标处于异常状态，安全性不可控

　　根据对实验室安全现状及相应研究课题，依据风险评价指标进行问卷设计后，通过问卷的方式向实验室安全管理以及科研工作人员发放调查问卷，要求对实验室安全评价指标进行匿名打分，对问卷数据进行收集与处理后得到各评价指标的评分情况，对各指标进行等级判定，从而确定实验室安全风险重点要害部位，并可根据情况落实相应的整改措施，确保实验室安全。

四、总结

随着高校不断发展，实验室的建设正在逐步提高，但是实验室安全绝对不能忽视，实验室安全风险防范不仅需要运用技术解决问题，更应该抓好管理的问题，进行实验室安全风险评估可以全面了解实验室存在的各类风险，并采取相应的措施进行预防和控制，以降低事故发生的概率和严重程度。通过安全风险评估，可以及时发现并解决实验室中存在的安全隐患，提高实验室的安全运行水平。

安全工作始终在路上，高校安全管理人员要把安全工作作为一项常规性、日常性、持久性的工作，从大局出发看待实验室安全事故，善于学习，认真总结，将实验室安全工作从"事后处理"变为"事前预防"，希望在教师、学生以及管理人员的共同努力下，创造出安全、和谐、环保、稳定的校园氛围。

◎ 参考文献

[1]彭冰.浅谈内部审核与管理评审在企业发展过程中的作用[J].中国管理信息化，2021，24（19）：106-108.

[2]刘鹏展，骆晓敏，陈科.浅析食品检验检测机构质量管理体系的建立及运行[J].现代食品，2020（14）：46-49.

[3]孟欣.目标管理述评及其应用建议[J].企业改革与管理，2020（21）：38-39

[4]杨舒雅.食品理化检测实验室的质量管理探究[J].食品安全导刊，2021（26）：54-56.

[5]杜莉莉，郑前进，姜喜迪，等.基于海因里希事故致因理论的企业实验室安全管理[J].实验技术与管理，2021，38（8）：257-260，264.

[6]张宝懿，李帅.新时代下高校实验室安全管理标准化探究[J].科技风，2023（5）：148-150.

[7]杨清华，许仪.生态位理论视角下企业实验室生态系统安全治理研究[J].实验技术与管理，2020，37（7）：257-261.

[8]刘宇栋.炼油化工实验室安全管理方法应用与探索[J].当代化工研究，2023（3）：131-133.

[9]周建国，刘乾.实验室安全管理体系构建[J].中国冶金教育，2023（1）：41-43.

[10]吴立荣，屈亚龙，程卫民.企业实验室模糊综合风险评价与分析[J].实验室研究与探索，2020，39（2）：300-303.

高校实验室化学品安全管理措施探索

李　兵

摘要：高校实验室是师生进行科研活动的重要场所，是探索世界、推动科技发展的重要平台，是国家"双一流"高校建设的基础设施之一，是国家迈向科技强国的重要动力来源。因此，高校实验室的安全，尤其是危险化学品的安全，直接影响着实验室人员、实验设备的安全，对师生科研活动的顺利开展至关重要。本文在对当前高校实验室危险化学品管理中存在的问题进行分析后，提出对高校实验室危化品的管理对策，以期能为实验室危化品的安全管理工作以及实验室安全建设提供新的思路。

关键词：高校实验室；危险化学品；管理措施

随着向科技强国迈进，国家逐渐提高对高校科研事业的重视程度，社会各界也关注着高校在科学技术上的突破。正是得益于国家和社会不断的资源投入，高校实验室数量在快速增加，实验室设备得以更新迭代，实验材料得到极大丰富。但随着实验室的快速发展、科研工作向更全面、更深层次水平迈进，实验室危险化学品在种类和数量上均不断增加[1]。且因危险化学品一般具有易燃易爆、腐蚀、毒性和放射性等特性[2]，且对人体以及环境均有较大危害，使得危化品的安全管理问题愈发突出，使得新科研环境下的危化品安全管理工作者面临更多挑战[3]。近年来，虽然国家对实验室危化品安全管理不断提出要求，且高校自身也制定了很多管理措施，但仍时有危化品安全事故发生，造成人员伤亡等严重后果。2021 年 10 月，南京某大学疑因实验室内镁铝粉爆燃发生爆炸事故，造成 2 死 9 伤事故[4]。2018 年 12 月，北京某高校实验室在使用搅拌机对镁粉和磷酸搅拌、反应过程中发生爆炸，引发镁粉粉尘云爆炸，造成现场 3 名学生死亡[5]。

一、高校实验室危险化学品管理中存在的问题分析

（一）未能构建行之有效的管理机制

首先，部分高校存在未能针对实验室危险化学品的管理配置专业、专门人才，往往由

作者简介：李兵，实验室与设备管理处，实验室安全管理办公室职员。

教师、实验室管理人员,甚至学生负责管理的情况。这些管理人员要么兼职管理危化品工作,要么其本身就不具备专门的危化品管理技能,也未受过专门的危化品安全管理培训并取得管理资格。此外,虽然基本所有高校均会有相应的管理制度,面向所有实验室、实验人员颁布了管理条例。但这些制度条例往往是在学校这种大的层面进行设计的,未能根据每间实验室中的实验内容、危化品种类、实验设备等具体场景设计并颁布相应的管理制度。最后,部分实验室抱着侥幸心理,未能将相关制度落地每一个细节,且高校也未能形成完备的制度执行监控机制以及考核机制。

(二)危化品危害事件应急处理能力不足

部分高校在危化品危害事件预防上狠下功夫,但对危害事件发生后的处理上却未能制定详尽的处理预案。一旦发生泄漏、爆炸等危化品危害事件,会直接威胁到师生的健康安全,让社会对高校危化品管理能力提出质疑,对高校形象产生负面影响,也会造成一定的经济损失。在应急处理流程方面,部分高校未能针对可能出现的各种危害事件制定详细的处理预案,未能针对每间实验室所进行的危化品实验,结合实验室所具备的资源和周边环境制定详细的应急处理方案。在应急处理人员方面,存在部分高校并未配置专门、专职应急处理人员,且未能对应急处理人员进行专业的危化品知识培训,未能开展危化品危害事件处理上的培训与模拟演练。

(三)未能关注实验人员的心理健康情况

危化品实验,是高校师生取得科研成果的重要方式,是高校基础学科科研能力的体现,是推动科技发展必不可少的原动力。而对于进行中的危化品实验,实验人员对此具有高度的控制权。实验人员在实验中是否能对实验操作的规范性、实验材料的处理等方面具有高度的负责任态度,具有高度的不确定性。部分高校未能针对实验人员的心理状态进行长期关注与评估,未能在实验前从生活、情感、学业等多方面关注实验人员的精神状态,粗放地任由师生进行实验申请、实验操作。未能形成心理评估不满足危化品实验操作的人员进行实验准入限制条例。

二、高校实验室危险化学品管理的对策与建议

(一)调整实验室的分布布局情况

特别是对理工科院校而言,化学实验室,不仅数量多,且大多分布在各级学院楼中,造成与师生办公区、教学区、其他实验室等相邻的物理空间布局现状。一旦发生危化品危害事故,则会对其他正常工作学习的师生造成安全威胁。因此,若高校资源充足,可在学校内或学校周边,选择一片远离师生活动的区域,专门建造用于各学院、各实验室团队进

行危化品实验的实验室。但实验室分布也不宜密集，否则会出现因一间实验室发生事故，威胁其他间实验室的安全的问题。若高校资源有限，则应尽量将进行危化操作的实验室安置在楼栋的边缘地带，以使其远离其他师生活动区域，并加强实验室硬件建设，使其能在发生事故时，将其限制在该间实验内，而将对实验室外区域的影响降到最低。

(二)搭建全方位的实验室监控系统

搭建校级的实验室监控系统以及报警系统，并安排专人值班值守，以便能实时掌握各间实验室的安全状况。除常规的视频、音频、烟雾等监控设备外，还应针对不同危化品在发生危害事件后的特有的物理特性，安装能探测到该物理特性的、具有高灵敏度的监控设备。

(三)成立实验室应急小组以及在实验室所有危化操作前制定应急预案

高校应成立校级和实验室级的应急小组，并基于建立的监控报警系统，确保应急小组成员能够第一时间介入危化危害事件的处理上。应急小组成员应定期接受危化品管理检查与事故处理相关的培训课程，使其具备应急处理能力。另外，应事先针对每间实验室所进行的危化实验进行安全评估，对所有可能出现的危害结果进行分析，并结合实验室场地、人员、防灾设备布置等实际情况制定有效的处理预案。基于制定的处理预案，安排合适的实验时间、地点，以及配备相关应急处理人员和防灾设备。如危害性较大，则尽量避免人群，安排在人少的时间、地点进行实验操作。

(四)对实验室所能进行的危化实验进行准入限制

基于实验设备是否满足实验安全性要求，实验人员是否接受专业培训、是否心理健康、是否情绪正常，实验场地是否具备危化事件快速条件等多方面的安全评估，对各间实验室进行危害防范与防灾能力的等级划分。结合对高校所有危化实验进行危险程度的等级划分，限制不同的等级下的实验室所能进行的危化实验危险等级。若某实验室想进行本实验室无法进行的危化实验，可协调安排借用可进行高危险等级危化实验的实验室进行实验。

(五)对实验室进行安全考核与构建奖惩机制

建立校级基础安全考核条例，并以此为基础，结合各间实验室的现实情况，有针对性地补充相适应的考核机制，做到考核有针对性、实用性。并定期以及不定期进行考核，针对考核结果建立奖惩机制，奖惩应直接与实验室成员有切实利害关系，以此调动实验室成员注重实验室安全的积极性，确保管理条例能落地实处，走进每位实验室成员的心里。但也应注意考核不应成为师生额外的负担，这就要求考核的灵活性，最好能围绕实验内容、实验操作、实验废物处理等与专业相关内容的角度进行考核，这样不仅能在一定程度上提高实验室成员的业务水平，也能将考核落到实处。考核内容应是对实验各个环节、实验室设备养护、实验室规范性等多方面的考核。此外，对考核结果不理想以及出现过险情的实验室，应多加关注，督促其改进以满足考核要求。

（六）注重实验人员心理、生理问题

实验人员是进行危化实验的直接参与者，对实验进度具有极高的控制权。因此，除了关注硬件设备、危化品质量等实物以及操作人员的专业能力外，还应关注实验人员的心理健康程度，这些要素都直接影响和决定着实验能否安全进行。实验人员除定时接受安全培训和考核外，还应定期接受心理健康检查。高校应建立能够准确反映实验人员心理健康的评价系统，确保能准确掌握实验人员的心理健康状态。另外在危化实验前，如有必要，应对实验人员的心理状态、生理情况等进行必要安全评估，对于不适合实验操作的人员，应严格限制其进行实验操作，避免因为人为原因造成危害后果。

三、结语

高校人员密集，对学生安全有任何风吹草动，都有可能会引起社会的极大关注。做好危化品管理，是对全体师生、是对社会的负责。管理是对安全实验的保障，是对科研活动的保驾护航，但不能也不应成为科研活动的负担。所以，应及时调整管理措施，以应对新的问题与挑战。

◎ 参考文献

[1]朱国斌．基于课题组的科研实验室化学品安全管理模式[J]．实验室研究与探索，2017（5）：295-298．

[2]刘爱丽，刘迢迢．实验室危险化学品安全管理工作探析[J]．科技创新导报，2018（17）：184-185．

[3]肖毅．浅议高校科研实验平台危化品安全管理[J]．广州化工，2020（18）：185-187．

[4]新民周刊．南航大的爆燃事故致2人死亡，原因或与镁铝粉有关？[EB/OL]．（2021-10-26）．https：//baijiahao.baidu.com/s？id=1714652162731134485&wfr=spider&for=pc．

[5]百度百科．12·26北京交通大学实验室爆炸事故[EB/OL]．（2018-12-26）．https：//baike.baidu.com/item/12%C2%B726%E5%8C%97%E4%BA%AC%E4%BA%A4%E9%80%9A%E5%A4%A7%E5%AD%A6%E5%AE%9E%E9%AA%8C%E5%AE%A4%E7%88%86%E7%82%B8%E4%BA%8B%E6%95%85/23223462？fr=aladdin．

上职称，身体健康；所申请的专业方向与所学专业以及目前所从事的教学及学术研究工作方向应基本一致，本人在所申请专业方向有代表性的成果。申请中西部高校青年骨干访问学者项目年龄45周岁以内，具有一定教学、科研、实验经验和水平。各接受高校会选派一名博士生导师，对访问学者进行一对一的指导。经导师和接受校审核合格后，由接受高校颁发《教育部高等学校国内访问学者证书》。访问学者们来自不同的学校，参加本项目，既可以向导师学习，也可以与同行交流，了解各校的文化与发展，拓宽视野，不断加强自身修养，提高综合素质。访问学者们来到"985""211"高校拜师，自然会进入实验室进行科学实验与研究，这对高等教育教师队伍的建设和教师的成长具有非常重要的意义。

（一）促进学术交流及成果转化

国内访问学者来自不同高校，其自身也带有本科生、研究生，具有一定的教学、研究与实验水平，参加导师的实验不仅可以与导师进行深入的学术交流，还可以作为临时助教，协助导师参与教学、实验、研究工作，有助于拓宽学术视野，吸收导师前辈们的经验教训，提高自身的学术、实验、研究水平。访问学者在派出学校往往很难将科研成果进行转化，所以他们需要参加导师实验，纠正自己的成果偏差，或者让自身的科研成果进行有效的转化，得到社会的认可，实现更大的社会价值。

（二）拓宽研究方向，提高自身的竞争力

访问学者在派出学校，往往因为思维方式或者实验室条件有限，会遇到研究方向瓶颈，无法进入下一步研究。参加导师的实验，可以为他们带来新思路、新方法，取得新信息、新数据，进一步拓宽自己的研究方向。访问学者参加导师项目实验，可以直接了解国家的最先进的教育体系、学术前沿、科研前沿和科技创新，不断提高自身的竞争力，为国家的教育事业发展作贡献。

二、访问学者实验时，为确保安全，应从以下几种途径进行

实验室是高校教学、科研工作的基本载体与平台，实验室安全关系到师生人身安全，也关系到学校、社会、国家的安全稳定。访问学者应牢牢树立红线意识和安全底线，始终把实验室安全作为学习与研修的工作底线，把国家法律法规和国家强制性标准作为实验室安全工作的底线。坚持安全第一，预防为主，加强个人综合治理，防范为主，居安思危，将实验室安全管理与访学期间的工作规划、工作目标紧紧结合，时刻督促自己严格执行实验安全有关法律与安全以及相关的规章制度，做安全的实验，确保实验室及师生的安全。

访问学者到校后，接受高校职能管理部门和相关的学院及导师，要发挥好传、帮、带的作用，开展实验室安全教育和检查工作，确保访问学者既能在校期间进行安全的实验，学习新知识新方法，也能安全返回派出学校，能将所学知识教给自己的学生，为学校的教

学科研贡献力量。主要从以下几个方面来进行教育与管理。

(一)加强教育与管理

按照"以人为本、安全第一、预防为主、教育为先"的原则和"全员、全程、全面"的要求,广泛开展实验室安全教育培训,使全体访问学者都成为安全明白人。建立实验室安全培训和准入制度,访问学者须进行安全知识技能培训。特别是进入专业实验室工作的访问学者更要接受系统的实验室安全知识培训。参加实验室安全管理教育考试,考试合格者方可进入实验室工作。高校管理部门和相关学院要把实验精通安全宣传教育作为日常安全检查的必查内容,对安全责任事故一律倒查安全教育培训责任。

(二)注意个人防护安全

(1)访问学者进入实验室前要做好个人防护,如穿好工作服、手套、口罩等。禁止穿背心、短裤或者裙子等暴露无遗过量皮肤的衣服,不得佩戴隐形眼镜,长头发必须扎起来。如所从事活动需要,不仅要增加适应的个人防护装备,还要学习并掌握发生污染时采取的紧急措施,熟练使用洗眼液装置、喷淋装置及化学漏出控制措施等。

(2)不得在实验室吸烟,更不得把食物带入实验室。也不得在实验室内储存食品、饮料等个人生活物品;不得做与实验、研究无关的事情。

(3)未经指导教师允许不得将外人带进实验室。

(4)实验工作中碰到疑问及时请教指导教师或者该实验室或仪器设备责任人,不得盲目操作。

(5)做实验期间严禁长时间离开实验现场。

(6)离开实验室前须洗手,不可穿实验服、戴手套进入餐厅、图书馆、会议室、办公室等公共场所。

(7)熟悉紧急情况下的逃离路线和紧急应对措施,清楚急救箱、灭火器材、紧急洗眼装置和冲淋器的位置。铭记急救电话119、120、110。

(8)晚上、节假日做某些危险实验时室内必须有2人以上,以保障实验安全和个人安全。

(三)注意药品安全

(1)实验室内有不同类型的试剂、药物和化学品,访问学者需先学习药品知识,了解熟悉所使用的化学药品的特性和潜在危害的名称、性质、存放、使用、安全操作。不准用手接触药品,不要把鼻孔凑到容器口去闻药品(特别是气体),更不得用舌头去尝任何药品的味道。

(2)注意节约药品,应该严格按照实验规定的用量取用药品。

(3)实验剩余的药品,既不能放回原处,也不能随意丢弃,更不准带出实验室,要放在指定的容器内。

(4)不得试吃实验品。

(四)注意辐射安全

当前接触辐射的实验越来越多了，每个访问学者应明确知道辐射对人体的危害，把握防止辐射的三个要素：时间、距离和屏蔽，敬畏辐射，做好防护，多做实验的同时做好个人防护工作，确保个人安全。

(五)注意废弃物处理安全

实验结束后一定要将废弃物安全处理。做到依照国家和学校的规定进行处理；处理前进行分类，然后再分类处理；处理废弃物时，必须戴上防溅眼罩、手套和实验外衣；小心谨慎，防止废弃物粘在手上身上等。

实验室安全涉及方方面面，也需要更多的专业技术力量支撑。特别是高校的化学实验多以科研研究为目的，实验过程安全风险较高，燃烧爆炸类事故时有发生，对访问学者参与实验工作的培训与管理工作至关重要，要不断培训不断深入，不断将实验新思维、新技术、新技能进行培训与管理，切实将实验室安全通过各种途径落到实处，确保师生安全，为教育强国做出应有贡献。

◎ 参考文献

[1]邓应元.高校安全管理前瞻性研究[M].昆明：云南大学出版社，2014.
[2]武汉大学保卫科学研究所.高校安全研究[M].武汉：武汉大学出版社，2022.

基于新媒体时代下，高校实验室安全
教育方式的优化策略

赵文芳

摘要：人是实验室的主体，也是高校实验室安全事故发生的主要诱导因素。因此提高人的安全意识是高校实验室安全工作的首要任务。本文针对高校实验室安全教育中存在的问题，结合新媒体技术的智慧、便捷等优势，提出如何优化高校实验室安全教育方式的新策略。

关键词：实验室；安全意识；安全教育；新媒体

一、引言

实验室安全是高校教学科研活动顺利开展的基本保障，它关乎校园安全稳定和师生切身利益，是高等教育事业发展不可逾越的红线[1]。近年来，高校高度重视实验室安全，通过改善实验室硬件设施条件、开发信息化管理软件等，在实验室安全管理中起到了巨大作用。但实验室人员管理，尤其是如何增强人员安全意识，仍是高校实验室安全管理中非常棘手的问题。因此，充分利用新媒体技术平台，结合高校实验室安全教育存在的问题，改进实验室安全教育的效果，让师生努力营造"安全第一、预防为主"的安全观念显得至关重要。

二、高校实验室安全教育存在的问题

根据教育部开展高校实验室安全检查情况反馈来看[2][3]，实验室安全教育方面存在三个较为突出的问题，具体如下：

（一）学习热情不高

高校实验室安全教育的难点在于部分师生存有侥幸心理，能认识到实验室安全教育的

作者简介：赵文芳，实验室与设备管理处，设备管理办公室职员。

重要性，但对尚未发生在自己身边的事情，容易忽视，认为发生在其他实验室的事件，只是小概率事件。学习热情不高，认为安全知识学习是浪费时间。

(二)学习内容单一

现有实验室安全教育内容单一、形式枯燥，很多高校采用填鸭式、强制性遵守等被动学习方式，如采取安全知识讲座、开设安全必修课程、组织实验室安全考试、发放安全手册和应急演练等方式[4][5][6]，缺乏趣味性、主动性和亲和力，不易被师生接受。因此，如何抓住学生的兴趣，转变安全教育的理念，克服传统的安全教育模式存在的弊端。

(三)学习流于形式

教育部对实验室安全细节有明确的文件要求，如安全教育内容、频次、形式等，但亦多无硬性要求。在人力财力有限的情况下，管理部门都能积极定期组织开展实验室安全培训及消防演练等，但受到场地和经费限制，不能做到全员全覆盖，开展周期性轮训。培训效果一般无直观的评价机制，使安全教育培训逐渐成为了一种"例行公事"，师生在应对突发事件的措施与经验欠缺。

三、借助新媒体，优化实验室安全教育的策略

随着信息技术的飞速发展，新媒体技术具有传播便捷、信息丰富、受众广泛、互动性强的特点，以微信、微博、短视频等为载体的新媒体平台迅速影响着大学生的学习和生活，基于新媒体平台开展实验室安全教育提供了保障，这也为高校实验室安全教育工作提供了新的思路。

(一)利用新媒体平台，打磨出一系列丰富的教育资源

高校应利用新媒体各载体特点，积极发挥它的优势，整合实验室安全教育的现有资源，挖掘开发更多的潜在教育资源，拓展学习内容的丰富度和覆盖度，结合师生的身心特点和爱好，策划和设计成学生感兴趣的语言风格和排版方式，制作成易被师生接受的新媒体形式。

根据化学类、生物类、辐射类和机电类等危险源特点，以慕课、视频等方式制作打造一系列优质实验室安全知识课程；根据不同危险源的特点制作成动画视频，如气体钢瓶、高压灭菌锅等使用操作。总而言之，利用各种方式丰富完善安全教育知识，形成网络化知识结构体系，再利用新媒体不同载体的特点，融合各载体资源，做到不同载体优势互补，让安全教育的载体变得更加多元化，达到更好的传播效果，便于师生利用碎片化时间去学习安全知识和技能，提升实验室安全教育的功能和价值。

（二）利用新媒体平台，优化传统的安全培训课程

基于新媒体平台开展实验室安全教育，结合线上资源与线下活动，以新媒体平台传播为基础，运用翻转课堂的教学方法完成对传统实验室安全知识的学习，课前让学生通过新媒体平台自主学习教师推荐的实验室安全教育资源，线下课堂教师解答学生提出的疑问，设置分享环节，让学生小组讨论，以多种形式分享自己的见解，让师生进行思想碰撞与思考，让实验室安全理念在潜移默化中内化于心。

（三）利用新媒体平台，分析数据精准推送

新媒体平台承载实验室安全教育资源和师生学习情况，收集分析数据，掌握师生关注的安全知识，精准把握师生的需求，便于后期向师生精准推送安全教育宣传信息，有的放矢，节省学习时间。

根据学生的选课和专业特点，预测需要掌握的安全知识内容，再进行分类推送，如：涉及生物类可推送与生物安全相关的通识内容；涉及化学类可推送与化学安全相关的通识内容，等等。再结合学校试剂采购平台和实验室安全信息平台，分析学生所在实验室危险源的情况，利用新媒体平台向实验室成员推送相关的安全知识，甚至还可推送相关安全知识的测试题。

（四）利用新媒体平台，抓好推送时机

运用新媒体平台推送实验室安全教育信息，需抓好时机推送。放假前推送实验室安全注意事项提醒；及时推送国内外高校发生的安全事故，校内实验室安全隐患，安全检查中发现的共性问题等，以图文并茂的形式，提高师生的关注度；探索构建常态化的实验室安全教育机制，提高警示教育的时效性，使师生敬畏安全，形成安全教育的氛围。

（五）利用新媒体平台，做好安全教育的轮训

实验室安全教育如何开展有效轮训，是高校管理工作的棘手问题，新媒体平台搭载的资源只要一次投入，方可多次使用，可以有效实现实验室安全知识定期轮训的目的，让师生把安全相关知识牢记于心。

随着新媒体日益成熟与普及，高校实验室安全教育应与新媒体技术相结合，改变传统高校实验室安全教育弊端，建设资源融合、线上与线下结合的新媒体高校安全教育平台，能够提供丰富的多元化传播渠道、海量的安全文化建设内容，激发学生的学习兴趣，满足学生的个性化学习要求，达到增强高校实验室安全教育的参与性、针对性和实效性的目的，最终使师生实现从"要我安全"到"我要安全"的思想性转变，学习状态也从"被动"变为"主动"，形成安全教育的氛围。

◎ 参考文献

[1]教育部关于加强高校实验室安全工作的意见[J].中华人民共和国教育部公报，2019（5）：29-31.

[2]冯建跃，杜奕，张新祥，等.高校实验室安全三年督查总结（Ⅰ）[J].实验技术与管理，2018，35(7)：1-4.

[3]杜奕，冯建跃，张新祥.高校实验室安全三年督查总结（Ⅱ）[J].实验技术与管理，2018，35(7)：5-11.

[4]赵艳娥，贺锦，乐远.构建信息化管理平台，加强实验室安全教育[J].实验室研究与探索，2015，34(6)：290-293，300.

[5]顾昊，曹群，孙智杰，等.实验室安全教育体系的构建及实践[J].实验室研究与探索，2016，35(4)：281-283，292.

[6]陈容容，魏东盛，靳永新，等.加强实验室安全教育保障实验室安全[J].实验技术与管理，2016，33(3)：232-234.

浅谈高校压力容器规范化管理在安全检验中的应用

刘　琼

摘要：压力容器作为高校实验室常用的一种特种设备，是保障实验室安全中"物"安全的重要组成部分，如果使用和管理不当极易引发安全事故。本文通过分析实验室压力容器在使用登记、安全检查、培训教育、技术档案资料、定期检验、应急演练等环节存在的问题，就加强实验室压力容器安全管理进行思考与探索，从完善管理制度、严格注册登记、加强人员培训、加强日常维修保养、完善技术档案资料、加强信息化建设和安全检查等方面结合管理实践进行了介绍；并提出解决方案。同时规范了压力容器安全检查的内容，拓宽了安全管理的思路，健全了安全培训和应急演练机制，提升了管理部门的工作效率，为推进高校实验室压力容器的规范管理，防范实验室安全事故的发生提供了有力保障。

关键词：规范化管理；压力容器；安全检验

一、引言

实验室是高校开展人才培养、科学研究和社会服务活动的重要场所，是培养学生科技创新、社会实践的前沿阵地，是提高学生科学素养与综合能力的重要基地。近年来，随着我国高等教育事业高质量发展，高校教学、科研发展水平越来越高，任务越来越繁重，实验室的设施数量与质量也得到显著提高，特别是压力容器在理工科实验室的教学、科研实验室国防项目等方面得到了广泛使用[1]。压力容器危险性大，一旦发生事故，往往会造成巨大的人身伤亡和财产损失，威胁高校师生生命财产安全，因此加强高校实验室压力容器规范化管理是避免事故发生的重要途径。

二、全国压力容器的安全现状

全国压力容器的安全现状是一个持续受到高度关注和重视的问题，其广泛应用于工业、能源、化工、制药、交通运输等各行业及领域，其安全管理至关重要。根据国家市场

作者简介：刘琼，副主任，硕士，研究方向为软件工程。

监管总局近 5 年全国特种设备安全状况的通告, 我国每年均有特种设备安全事故的发生, 其中压力容器的安全事故也时有发生, 近 5 年压力容器设备事故发生情况统计如表 1 所示:

表 1 　　　　　　　　　　**2018—2022 年压力容器安全事故情况统计**

年份	压力容器总量(万台)	压力容器事故(起)	死亡人数(人)
2022	497. 15	7	3
2021	469. 49	7	11
2020	439. 63	7	14
2019	419. 12	4	7
2018	394. 6	9	/

注: 以上数据来源于国家市场监督管理总局特种设备安全情况通报 https: // www. samr. gov. cn/tzsbj/ qktb/index. html。

根据国家市场监督管理总局特种设备安全情况通报统计的数据显示: 2022 年, 全国有压力容器 497. 15 万台, 发生压力容器安全事故 7 起, 造成人员死亡 3 人。与 2021 年比压力容器设备新增率 5.5%, 压力容器安全事故发生率持平, 人员死亡率则下降 36. 3%。虽然与 2021 年比事故发生率与往年持平, 人员死亡率在下降, 但是安全管理工作现状并不乐观[2]。2023 年 6 月 21 日发生在银川兴庆区富洋烧烤店操作间液化石油气(液化气罐)泄漏引发爆炸, 造成 31 人死亡, 7 人受伤。安全管理工作警钟长鸣, 全国特种设备安全现状不容乐观, 安全生产形势严峻性和复杂性引起各界的高度重视。高校实验室的压力容器使用安全是特种设备使用安全重要部分之一, 尽管已经采取了很多措施来确保压力容器的安全, 但仍然存在一些挑战。因此, 持续加强监管、加强安全意识教育、推动技术改进与管理等方面仍然是关键。

三、高校实验室压力容器安全管理的现状

高校实验室压力容器安全管理一直是非常重要且受关注的问题。实验室的压力容器通常指盛装气体或液体, 承载一定压力的密闭设备, 在科学研究和教学活动中发挥着至关重要的作用。然而, 高校实验室压力容器数量多、种类丰富、分布广泛、管理难度大、要求高, 且存在师生的流动性大、管理意识不强等现状。如果不加强管理和控制, 压力容器可能会带来潜在的危险, 对高校实验室安全管理产生不利影响。

随着国家和政府相关部门对高校实验室安全不断关注与重视, 高校实验室压力容器安全管理工作在逐渐改善, 如在使用登记、培训教育、技术档案资料、定期检验、应急演练等环节逐渐适应政府相关部门的安全监管, 但高校实验室在实际压力容器安全管理工作仍

存在一些问题。

(一) 压力容器分布广泛，管理难度大

《中华人民共和国特种设备安全法》对压力容器有明确的安全管理要求，压力容器购置后在安全管理部门登记，获得相关使用登记证书。使用单位根据技术规范严格管理，在使用过程中按照检验时间节点向检验机构提出申请，检验合格后继续使用。对高校实验室设备管理人员提出较高的要求，压力容器具有专业性特点，高校实验室压力容器的数量多、分布广泛，检验包括压力容器及安全附件、压力管道等，不同种类气体设备管理要求也不同，压力容器安全阀等安全附件应当每间隔一年进行一次检验，根据安全附件的安全情况，压力容器本体也应该每年检验一次。在此情况下，压力容器的检验与维护等流程复杂，增加了压力容器的管理难度。

1. 多个实验室和使用单位

高校通常拥有多个实验室，每个实验室都有自己的压力容器。这导致了管理分散、情况复杂，每个实验室之间存在管理标准和安全意识的差异，因此统一管理变得更加复杂。

2. 压力容器类型多样性

高校各类实验室根据学科特点，涉及各种类型和规格的压力容器，用途也各不相同。每种类型的压力容器都需要制定相应管理措施和安全规范，这增加了管理的难度。

3. 使用人员的多样性

高校实验室的使用人员包括教师、学生、科研人员等，他们的专业知识和安全意识可能不尽相同。其中，学生群体的人员多，流动性大，组织培训规模与次数也随之增加，针对不同群体进行安全培训和管理需要因人而异，这也增加了管理的复杂性。

4. 实验周期和变化性

高校实验室中的压力容器使用具有周期性的特点，不同阶段开展不同科研与教学实验。在实验过程中，也会有临时性使用压力容器的现象，确保其安全性就需要更为细致的安全管理措施。

5. 设备更新和维护

高校实验室中的压力容器因使用年限问题存在老化和损耗，且老化与损耗周期各不相同，需要定期检查和维护时间也不尽相同。然而，由于学校资源限制和其他因素，有时存在不能及时更新和维护设备，这增加了潜在的安全风险。

6. 监管和合规要求

高校压力容器涉及国家监管和合规要求，需要遵守一系列法规和标准。对于高校实验室而言，确保所有压力容器都符合相关要求，需要学校各实验室投入更多的时间和精力。

(二) 购置审核不严格问题

学校实验室压力容器购置审核不严格是高校实验室压力容器安全管理中可能面临的问

题之一。如果在购置压力容器时审核不严格，可能会导致使用不合格或不安全的压力容器，增加实验室安全风险。以下是购置审核不严格可能带来的问题。

1. 购置质量不可靠的压力容器

压力容器因其危险性较高，购置前应作好安全论证，对压力容器供应商的供货资质进行审核，购买资质齐全可靠的设备，并符合国家相关安全标准与法规。审核不严会导致购买质量不可靠、不合格的压力容器，增加了学校实验室事故发生的风险。

2. 购置不适用于实验室需求的压力容器

高校在采购实验室压力容器时应对实验需求进行论证，如果购买到的压力容器不适用于实验室开展教学与科研活动，可能导致容器在使用过程中不稳定或无法满足实验要求，影响实验的准确性和安全性。

(三) 注册登记不完善问题

根据《中华人民共和国特种设备安全法》第三十三条规定，特种设备投入使用前(后)30 日内，该特种设备使用单位须完成特种设备的使用登记工作，取得合规合法的使用登记证书，并将其置于或附于该设备的明显位置[3]。注册登记不完善是高校实验室压力容器安全管理中亟待规范的问题。在实际管理过程中，压力容器作为学校的固定资产，由专门的部门协助完成设备的购置、固定资产的登记、财务入账等环节，因压力容器使用安全性问题是受国家安全监管的，需要到国家相关监管部门备案并办理使用登记，到报废年限后即需要在学校固定资产账上报废注销，还需要在国家相关监管部门履行报废与注销手续，如购置时的注册登记工作不完善，压力容器安全问题失去了监管，可能导致实验室无法准确了解和管理所有压力容器安全操作的情况，增加潜在的安全隐患。

1. 压力容器信息不清晰

压力容器注册登记不完善会导致高校实验室压力容器账物不清楚，无法准确了解所有压力容器的基本信息，如数量、型号、规格、安装地点等，这使得容器管理困难。

2. 压力容器状态不明确

压力容器如果没有完善的注册登记，实验室可能无法及时了解压力容器的检验、维护和更新情况，压力容器的实际使用状态可能变得不明确，存在潜在的安全隐患。

3. 压力容器安全风险无法掌控

高校实验室缺乏完整的压力容器登记信息，实验室难以全面了解压力容器的使用情况，从而难以全面评估安全风险，增加了意外事故发生的可能性。

(四) 人员取证不齐全问题

根据《特种设备安全监察条例(2009 修订)》(中华人民共和国国务院令第 549 号)第三十八条规定，特种设备作业人员须经考核并成绩合格取得相应资格后，方可开展相应工作[4]。在实验室实际管理工作中，人员取证不齐全涉及压力容器的操作和管理层面的人员，包括使用人员、检验人员、维护人员等。由于管理人员安全意识淡薄、学生流动性大、培训取证成本高等因素，造成一部分实验室管理人员、实际操作人员的相关证书和资质不齐全，无证上岗会导致操作不规范，容器维护不到位等，从而增加实验室的安全隐患[5]。

1. 操作不规范

缺乏相关的操作证书或培训，可能导致使用人员对压力容器的正确操作程序不熟悉，增加容器使用不当的风险。

2. 检验不到位

如果负责压力容器检验的人员没有相关的资质和证书，可能导致容器检查不彻底，潜在问题无法及时发现，增加容器发生故障的可能性。

3. 维护不及时

缺乏维护人员的相关资质，可能导致对压力容器的维护工作不及时或不到位，增加容器老化和损坏的风险。

(五)技术档案不规范问题

根据《特种设备安全监察条例(2009修订)》(中华人民共和国国务院令第549号)第二十六条规定，高校实验室特种设备使用单位须建立合规的技术档案。包括其从购置前论证、购置、验收、安装、注册登记、使用状况、定期检验与定期自检、维修与日常维护保养、报废处置等全生命周期管理的技术资料[5]。技术档案是压力容器的重要组成部分，包含了容器的设计、制造、安装、检验、维护等技术资料，对于确保压力容器的安全性和稳定性至关重要。在高校实验室里，压力容器种类多、数量大、存放分散，且多数使用单位自行管理，安全责任落实不到位，重产出轻安全、人员流动大等原因，造成未及时建立实验室压力容器技术档案或建档不规范。如技术档案不规范，档案资料信息缺失、未分类存档、无目录、无序号等，可能导致实验室对压力容器的基本情况与技术参数了解不全面，同时也不具备定期检验的基本条件，既不利于压力容器的正常使用，也会增加潜在的安全风险。

1. 信息不全面

压力容器技术档案不规范可能导致相关信息不全面，如压力容器的设计参数、制造材料、安装要求等信息缺失，实验室在使用、维护与更新、定检等工作中难以全面了解容器的性能和使用要求。

2. 不准确的记录

压力容器不规范的技术档案可能导致记录不准确或不完整，容器的历史使用和维护情况无法追溯，难以评估容器的健康状况。

3. 无法及时更新

压力容器缺乏规范的技术档案管理，可能导致技术资料无法及时更新，不能反映压力容器的实际使用过程与状态，增加容器使用风险。

（六）定期检验不合规问题

根据《中华人民共和国特种设备安全法》中第四十条规定，高校特种设备使用单位须在该设备的检验合格有效期届满前 1 个月申请特定检验单位的定期检验[1]。定期检验是确保压力容器安全性的关键措施，但如果检验不合规，可能导致压力容器隐患无法及时发现或得不到适当处理，增加了安全事故的风险。而在实际管理工作中，高校实验室使用单位由于不了解有关规定、人员流动频繁、工作疏忽等原因未按规定进行检验，高校实验室时有检验不合规的压力容器仍在使用的现象，安全形势令人担忧[1]。如果未按照规定的周期对压力容器进行检验，容器可能存在隐患或损坏无法及时发现，导致潜在的安全风险。也不便于后续跟踪和处理。

四、加强高校实验室压力容器安全管理的举措

（一）完善与建立统一的安全管理制度，规范操作规程

针对以上压力容器安全管理难度大与复杂性的问题，加强高校实验室压力容器的安全管理需要建立完善的制度和操作规范，并且重视培训和安全意识教育。根据国家法律法规，结合高校实际情况，完善与建立统一的压力容器的安全管理制度与操作规范，优化管理工作流程，明确学校、学院与实验室负责人三级责任；规范压力容器购置论证、设备验收、使用登记、定期维护与检验、人员取证、日常使用台账登记、报废处置等环节管理流程，明确各个环节的职责和要求；完善与建立操作规程、隐患排查、应急处置等安全管理细则，指定专人负责压力容器的管理和监督，确保高校各实验室遵循相同的安全标准与操作规范，提高实验室安全管理的安全性和稳定性。只有这样，才能确保压力容器在实验室使用过程中安全可靠，减少事故风险，保障实验室的安全和科研工作的顺利进行。

（二）严守规定，建立完善的使用登记制度

加强高校实验室压力容器的安全管理，严守规定和完善注册登记制度是至关重要的措施。例如在各高校都建有的实验室安全管理系统中增加压力容器办证等功能模块，由使用单位在管理系统上提交办证申请，提供符合要求的办证资料，经学校审核、办证机构审核等环节规范办证流程，完成压力容器的使用登记工作。利用高校实验室安全信息化的管理建设，建立完善的压力容器使用登记制度，其优点是各申请与审核环节责任明确、设备登记信息完整。

通过严守规定和加强注册登记，高校实验室可以实现对压力容器安全管理的全面监控。严格遵守法律法规和安全标准，可以防止违法行为导致的安全事故。而建立完善的登

记制度，则可以让实验室对所有压力容器的信息进行全面掌握，及时了解容器的状态，预防潜在安全隐患。同时，明确责任人和职责，确保每个环节有专人负责，有助于提高安全管理的有效性。

(三)加强安全知识培训，操作人员持证上岗

加强安全知识培训、操作人员持证上岗是加强高校实验室压力容器安全管理的重要措施之一。通过对涉及压力容器操作和管理的人员进行培训，确保其具备相关知识和技能；并要求持有相应证书上岗，可以提高实验室对压力容器的安全管理水平，减少潜在的安全风险。

对于涉及压力容器操作的实验室人员，应进行专业的培训，包括容器的正确使用方法、安全操作流程、应急处理等内容。对于负责容器检验和维护的人员，应接受相关的培训，熟悉检验标准和维护要求，确保检验和维护工作的准确性和及时性。而全体实验室成员都应接受压力容器安全意识培训，了解安全规范和重要性，增强安全意识。通过加强培训，实验室成员可以掌握正确的压力容器操作和管理方法，了解安全规范和要求，从而降低操作不当造成的安全风险。同时，要求持证上岗，可以确保相关人员具备专业知识和技能，提高容器操作、检验和维护的准确性和可靠性。

除此之外，高校实验室还应建立相应的考核和评估机制，对持证人员定期进行考核，督促其持续学习和提高。通过综合运用培训和持证上岗，高校实验室可以全面提升对压力容器的安全管理水平，确保实验室安全运行。

(四)建立定期检验制度，明确检验项目

定期检验在国家相关法律上是明确规定的，是确保压力容器安全性的关键措施，建立定期检验制度，明确检验项目是加强高校实验室压力容器安全管理的重要举措。建立定期检验制度，明确检验项目，选择专业机构对正常使用的压力容器进行规范化的日常维护保养和定期检验工作，全面了解容器的使用状况，确保检验的科学性和可靠性。对于检查发现的问题，及时记录，并建立检验、维护与保养等的台账，制定整改措施和时间表，确保定检出来的问题得到及时解决。

通过定期检查，实验室可以及时发现容器的表面问题或运行异常，及时采取措施进行处理，降低容器故障的风险。而应检尽检则是对容器进行全面的评估，确保容器在使用过程中没有隐藏的安全隐患。同时，要加强对检查和检验过程的记录和整改工作，确保问题得到妥善处理。

总体而言，定期检查和应检尽检是高校实验室压力容器安全管理中不可忽视的环节，通过建立定期检验制度，规范检验流程，明确检验项目，对提高压力容器的安全性和稳定性，消除潜在实验室安全隐患具有重要意义。

（五）建立与完善档案管理制度，认真做好技术档案建设

建立档案管理制度，认真做好技术档案建设可以有力支撑高校实验室压力容器安全管理工作，有效指导与规范高校实验室做好容器技术档案的建立。技术档案给压力容器安全管理提供了重要的参考依据，包含了容器的设计、制造、检验、维护等技术资料，对于确保容器的安全性和稳定性至关重要，在定期检验中是必不可少的检验依据与资料。

高校实验室应建立专门的技术档案管理制度，明确档案的建立、更新、存档等流程，明确责任人的具体职责，确保档案管理的规范性和及时性。每台容器对应相应的完整的技术档案，包括容器的设计图纸、制造工艺和参数、安装要求、检验记录、维护和维修记录等，确保所有关键信息都能有准确记录。对已有的技术档案，要定期进行审查和更新，确保档案内容的准确性和时效性，尤其需要关注容器的检验和维护记录。

通过认真做好技术档案建设，高校实验室可以全面了解压力容器的技术信息，及时跟踪容器的运行状态和历史记录，从而发现潜在的问题，采取有效措施，确保压力容器的安全和稳定运行。技术档案是安全管理的重要保障，只有加强档案建设，才能提高实验室压力容器的安全管理水平。

（六）加强压力容器的信息化管理

加强压力容器的信息化管理是高校实验室加强容器安全管理的重要措施之一。信息化管理通过数字化和网络化手段，提高了对压力容器的监控、数据记录和信息传递效率，从而能够更全面、及时地掌握容器的运行状态，预防潜在的安全风险。

通过借助信息化技术，将技术档案数字化管理，建立电子数据库，方便存取和检索，减少纸质档案的繁琐管理，提高档案管理的效率和便捷性。利用移动终端应用，加强容器的信息化管理，可以更加高效地监控容器的安全运行，及时掌握压力容器的状态，预防潜在的安全风险。信息化管理不仅提高了管理效率，还有助于实现安全信息的共享和传递，使得全体实验室成员都能参与压力容器安全管理，提高实验室全体人员的安全意识，有助于减少实验室安全风险。

（七）严格执行安全检查制度，查缺堵漏

加强安全检查和查漏补缺是落实教育部《高等学校实验室安全规范》要求，加强高校实验室安全管理行之有效的重要措施，高校实验室严格执行安全检查制度，定期开展容器安全检查工作，明确检查周期、内容和责任人，确保每个压力容器都定期接受安全检查。安全检查可以分为学校专项检查、学院日常检查及实验室自查等形式开展，安全检查重点内容主要有压力容器管理制度、安全操作规程、应急预案的制定及演练情况；设备购置论证、使用登记情况、管理人员及操作人员培训与持证上岗情况等；还包括日常维护与定期检验、停用与注销、技术档案建立与保管等情况[1]。

对于排查出的安全隐患，要及时制定整改方案，督促整改并跟进整改进度，形成闭环，确保问题得到彻底解决，在查漏补缺过程中，还要及时总结经验，加强安全防范措施，提高容器的安全性。通过定期安全检查和查漏补缺工作，高校实验室及时发现压力容器存在的问题隐患，及时采取措施进行处理，从而降低容器故障和事故的风险。同时，加强安全防范措施的建设，可以预防潜在的安全隐患，提高容器的安全性和可靠性。

安全检查和查漏补缺是一项持续不断的工作，需要全体实验室成员共同参与和努力。只有全员动员，共同关注压力容器的使用安全问题，才能保障实验室的正常安全运行。

五、结束语

近年来，因人才培养、科学研究和社会服务活动开展的需要，实验室压力容器使用数量还在不断增加，国家相关法律法规及政府部门对安全管理提出新的要求，所以压力容器规范化管理是一项长期持续性的工作。而实验室压力容器规范化管理需要全体实验室成员共同参与和努力，全面提高压力容器操作过程的安全性和稳定性，不断完善和改进管理措施，优化现有的管理方式与手段，提升安全管理效能，减少和预防实室安全事故的发生。只有这样，才能真正助力于服务高校人才培养、科学研究和社会服务活动的顺利开展，保障高校实验室的安全和持续发展。

◎ 参考文献

[1]席艳霞，李景妍，马国玉.加强高校实验室特种设备安全管理思考[J].实验室研究与探索，2022，41（2）：305-308.

[2]国家市场监督管理总局特种设备安全情况通报.https：//www.samr.gov.cn/tzsbj/qktb/index.html.

[3]中华人民共和国特种设备安全法：中华人民共和国主席令第四号[Z].2013.

[4]特种设备安全监察条例：国务院令第549号（2009年修订）.

[5]李淑春.对高校特种设备管理的几点建议[J].实验技术与管理，2010，27（5）：187-189.

高校实验室安全风险防范策略研究

陈雨平

摘要：以高校实验室为研究对象，分析高校实验室安全风险防范存在的问题及问题产生的原因。通过理论制定相应的风险防范策略及安全风险防范保障措施，以完善实验室安全管理体系，确保实验室安全稳定运行。

关键词：实验室安全；风险防范

教育部印发的《关于加强高校实验室安全工作的意见》指出，高校实验室体量大、种类多、安全隐患分布广，包括危险化学品、生物、易制毒制爆材料等，重大危险源和人员相对集中，安全风险具有累加效应。近年来实验室安全事故频发，在实验过程中难免要接触一些易燃、易爆、有毒、有害、有腐蚀性物品，且经常使用水、气、火、电等，潜藏着诸如爆炸、着火、中毒、灼伤、割伤、触电等危险性事故，这些事故的发生常会给我们带来严重的人身损害和财产损失。如果我们掌握相关的实验室安全知识并通过有效的安全风险防范策略，可以尽可能地减少和避免实验室里安全事故的发生。

一、高校实验室安全风险

(一) 实验室环境状况参差不齐

高校部分实验室是旧楼改造，水电消防、安全设施不能适应科研实验的要求，导致电线老化、电路设计不合理、通风设施效果不佳等问题。部分实验室面积偏小，学习区、实验区无法实现分区，大量实验耗材、仪器设备摆放拥挤，占用消防通道。

(二) 实验室危险化学品实验管理不够严格

师生对危险化学品管理认识不到位，为了实验的方便，将管制类危险化学品直接放置在实验台上，未严格执行双人双锁管理，使用台账记录不规范、不完整；部分化学品使用较多的实验室，存在存放分类不合理，固体、液体没有分开放置，化学性质相悖的化学品混放，试剂柜药品无清单等问题。

作者简介：陈雨平，化学与分子科学学院，实验室安全办公室副主任。

（三）特种设备管理不到位

高温高压设备在极高温度和压力下，金属材料会出现热膨胀，管道、容器等设备可能会变形、开裂或爆炸。高压会使得设备内部的压力超过其设计承受范围，引发设备故障和事故。实验室在铺设高压管道和配置压力容器时，如果不按照国标选择合适的材料，会造成设备和管道的严重安全问题。由于管道材质较差、设计强度不足、设计方案不合理等问题，在规定的工作压力下管道会发生爆裂，同时由于安全附件失效，压力容器和压力管道压力超出标准，没有及时发现，容易造成超压爆炸。

（四）学生安全意识薄弱

部分实验室师生安全意识不到位，开展生物、化学类危险实验过程中不穿实验服、不戴护目镜、不戴手套；进入实验室的学生着装随意，穿拖鞋、短袖短裤等现象普遍；生活区与实验区区分不明显，实验垃圾、生活垃圾不分类，垃圾清理不及时，少数学生在实验区域饮食。

（五）实验室安全管理制度建设不到位

部分学院实验安全管理制度没有正式发文，或者内容比较空泛、不具备学科专业特色；实验室安全管理制度宣传力度不够、落实不到位，实验守则没有按规定张贴于实验室醒目位置；按照规定开展了实验室安全工作，但是档案记录不完整，没有按照要求立卷存档。

二、实验室安全风险防范策略

（一）设备方面的控制

设备在长期运行过程中，不仅存在着设备保护方面的风险，而且还存在着设备失效、老化、维护等方面的风险。对设备进行安全设施的检修与改进，是保证设备正常运转的基础管理措施；对作业过程及管理系统进行持续的改进，针对新设备、新工艺，必须制订符合要求的作业规程，提高作业规程的执行力度，让人们更加容易接受遵照规则进行试验；强化每日及周期性的巡视，为高危险的设备制订多项后备计划，并构建好的点检机制，及早发现潜在的危险，提升设备的有效寿命。

（二）设施方面的控制

有专人负责对个人防护设备和灭火设备进行维护，保证其在质量保证期内仍能正常工作；在实验室中，应有足够的灭火设备，并放置在容易取得的显眼处，有专门人员负责保管，并根据需要进行定期的检查和更新；在易出现事故的位置和危险源位置，应设置明显的警示标识，并设置保护、通风、报警设备，以避免不安全的行为。

(三)材料方面的控制

所有不同级别的实验室使用的化学试剂，必须有专门的管理人员，并进行统一的采购。化学药物应分门别类存放，相互作用的药物不可混合存放，必须单独存放在干燥通风的专门的药柜内；所有的药物都必须要贴上清晰的标签，储存的数量不能太多，要保证药柜中的空气流通畅通，并且要保证药柜中的卫生整洁，对无名物、变质过期的药物要及时进行清理销毁；对于易燃、易爆、剧毒等危害性物品，要设专人"双人双锁"，妥善保存，对于领取者，要严格控制数量，发放和登记，集装箱要有清晰的标识，储存区要有明显的安全标志；各个实验室的废液和废物，不能随便丢弃，也不能随便排放到地表和地下的管道和水源里，必须采取相应的"无害化"处理，不能处理的也不能擅自排放和处理，要用专门的容器进行分类和储存，防止泄漏和丢失造成二次污染，所有的废液和废物，都要统一送到危险废弃物回收站。

三、实验室安全保障措施

(一)完善安全管理制度

通过合理的规章制度建立符合实验室特色的安全管理体系，包括：实验室的特色安全管理系统、安全检查制度、建立风险试验的风险评价和进入的制度、设备(如大型仪器，高温，高压，高速，强磁，低温等)的安全性要求、危险工艺实验指导或作业指导、危化品安全管理规定、有实验室特点的应急处理计划等。要制订切实可行的仪器和设备使用规范，并进行公开。

(二)加强安全文化建设

加强安全宣传教育，建立健全安全生产培训制度，严格按照培训制度和培训计划定期进行安全生产教育培训，保证实验人员具备必要的安全生产知识，熟悉有关的安全生产规章制度和操作规程，掌握操作技能，了解事故应急处置措施。通过课件讲解、现场操作等多种形式培训，防止培训形式单一化。紧密结合企业安全生产实际，把实用、管用、能用、好用作为优先之举，精挑细选针对性强、与实际结合紧密的内容与方法进行培训。

坚持"以人为本"的理念，注重人的安全与职业健康，发挥和充分调动人的主观能动性，让所有人牢记企业的安全管理理念，让管理者对安全的承诺可见、可信，让所有员工参与到企业的安全管理中去。

（三）推进信息化建设

化学安全是目前高校实验室管理中危害最重的问题，尤其是管控类和危险化学品管理面临很大的压力，高校需建立"购买申请、采购审批、使用管控、废弃物处置"的全过程管理模式，通过信息化平台规范管理危化品购买、存储及使用，实现全流程监督管控，既保证实验室科研工作顺利开展，又在符合法律法规要求下，保障师生人身安全。

实验室安全信息化建设可以通过智能化管理、自动化操作、数字化监控等方式，提高实验室工作的安全性和可靠性，降低实验室事故的发生率，保障实验室内的实验数据和人员安全。同时，实验室安全信息化建设还可以促进实验室管理的规范化和标准化，提高实验室资源的利用效率和实验室工作的可靠性，提升实验室的整体形象和综合实力。

四、总结

实验室安全工作是一项长期而重要的工作，需要不断加强管理和总结，提高实验室安全风险防范能力需要从多个方面入手，包括完善管理制度、加强培训教育、建立评估监控机制、完善设施器材、建立应急预案等。在实验室安全风险防范过程中，应加强对实验室内部环境、实验设备、药品存放、实验操作等方面的管理和监督，确保实验室工作的安全性和可靠性，避免事故的发生。同时，还应该增强实验室工作人员的安全意识和风险意识，加强安全培训和教育，制定并执行实验室安全规章制度，提高实验室安全风险防范的能力和水平，从根本上降低实验室事故的发生率，保护人员生命财产安全。

◎ **参考文献**

[1] 张彦茹. 基于马斯洛需求理论的企业实验室安全管理[J]. 决策探索（中），2020（5）：7.

[2] 杨立成，陈彦军，崔长欢，等. 基于轨迹交叉理论的企业实验室安全管理研究[J]. 中国医药导报，2021，18（9）：185-188.

[3] 阳富强，谢程宇，黄萍，等. 基于6SIGMA理论的企业实验室安全管理[J]. 实验技术与管理，2021，38（1）：255-258，263.

[4] 杜莉莉，郑前进，姜喜迪，等. 基于海因里希事故致因理论的企业实验室安全管理[J]. 实验技术与管理，2021，38（8）：257-260，264.

[5] 张宝懿，李帅. 新时代下高校实验室安全管理标准化探究[J]. 科技风，2023（5）：148-150.

[6] 杨清华，许仪. 生态位理论视角下企业实验室生态系统安全治理研究[J]. 实验技术与管理，2020，37（7）：257-261.

［7］刘宇栋．炼油化工实验室安全管理方法应用与探索［J］．当代化工研究，2023（3）：131-133.

［8］周建国，刘乾．实验室安全管理体系构建［J］．中国冶金教育，2023（1）：41-43.

［9］韩琴，刘新，苏春丽，等．高校实验室安全管理中"4R-心理应对"模式的构建［J］．高教学刊，2023，9（7）：82-85.

［10］唐孔科，高勇，李红菊．浅析实验室化学危险品的安全知识与管理［J］．化工管理，2020（5）：80-81.

［11］汤营茂，缪清清，钱庆荣，等．企业实验室危险化学品安全事故应急处置能力提升的探讨［J］．实验技术与管理，2020，37（4）：277-279.

以检促建推进高校实验室安全规范管理

彭秋闽

摘要：实验室安全检查能够及时发现问题和隐患，降低事故发生的概率，对于保障高校实验教学和成果转化具有重要意义。针对当前部分高校在实验室安全检查中存在的隐患种类众多、管理工作复杂、整改监督不力和安全文化缺失等问题，提出可通过构建完善的实验室安全管理制度体系、明确责任和奖惩机制、建设安全检查信息化系统、开展全面宣传培训等途径，健全现有安全检查模式，以推进高校实验室安全规范管理。

关键词：实验室安全；安全检查；安全管理

高校实验室是教学和科研活动的必备场所，在培养人才和产出创新研究成果方面发挥着重要的作用，极大地促进了高等教育事业的发展。然而随着高校建设规模的不断扩大，实验室的安全问题日益突出。据不完全统计，在 2001—2021 年共发生 126 起高校实验室安全事故，造成 20 人死亡和 107 人受伤，对师生的生命财产安全造成了严重损失[1]。使用科学、高效的管理手段以保障实验室安全平稳运行十分重要。实验室安全检查是提高实验室安全管理水平的有效途径。完善现有的安全检查模式对于推动构建安全、规范的实验室管理体系具有很强的现实指导价值[2]。

一、实验室安全检查的重要性

实验室安全管理主要涉及人、物、环境、管理四大要素。实验室安全检查的意义在于及时发现和纠正人的不安全行为、改善物的不安全状态、消除环境的不安全条件以及修复管理的不安全漏洞，最大限度减少安全事故的发生和发展[3]。作为事故隐患的"探测器"，实验室安全检查能够从源头上预防安全事故，从根本上治理安全隐患，从制度上规范安全管理，从重大隐患上突破安全管理重点，在事故发展的潜伏阶段减少实验室存在的隐患和风险，把实验室安全事故扼杀在摇篮里[4]。不仅如此，实验室安全检查也是有效宣传和贯彻安全工作方针的过程，有利于发掘和推广安全管理先进经验，弘扬安全理念，在实验室安全规范管理中发挥了重要作用。

作者简介：彭秋闽，武汉大学实验室与设备管理处。

二、实验室安全检查现实困境

(一)隐患种类众多,重点问题突出

管理实验室内的重要危险源是杜绝安全隐患的重要手段。然而,高校实验室重要危险源种类众多,包括有毒有害(剧毒、易制爆、易制毒、爆炸品等)化学品、危险(易燃、易爆、有毒、窒息)气体、动物及病原微生物、辐射源及射线装置、放射性同位素及核材料、危险性机械加工装置、强电强磁与激光设备、特种设备等[5]。在高校实验室的常规检查中,通风橱的不当使用、危险化学品和普通化学品的不当储存、气瓶缺少使用状态牌和监测报警装置、压力蒸汽灭菌器缺少检验证明和人员资质等问题在高校的实验室安全管理中十分突出[6]。

(二)风险动态变化,管理工作复杂

近年来,各高校都在不断扩大办学规模,学生数量和实验室数量都有逐年增长的趋势。学生作为实验的主力军,会因为开学毕业等原因每年发生改变,使得实验室的人员流动性增大,增加了人的不安全行为发生的几率[7]。实验室中危险化学品、动物及病原微生物等危险源常常处于动态变化之中,使得安全隐患在整改之后容易出现动态反复的情况,加大了实验室安全事故的风险。并且,随着高校创新科学研究对未知领域的探索不断增加,从基础研究向应用研究的拓展进一步提高了实验研究的风险程度。然而很多实验项目的安全性评估不够充分,无法针对未知的风险设计合理有效的应急预案[8]。此外,不断增多的学科交叉和跨学科的实验合作使实验室使用更加复杂,给实验室安全检查和管理工作带来了更大挑战。

(三)检查深度不够,整改监督不力

实验室安全检查在实际执行过程中容易出现检查不到位,整改不彻底的问题。一方面,由于检查时间有限,隐患排查工作人员对实验室隐患情况缺乏了解,导致实验室的安全检查工作浮于表面,不够深入,无法全面排查隐患[9]。另一方面,当隐患排查工作人员与实验室负责人之间存在人情关系时,容易对检查出的安全问题轻描淡写,从而影响检查工作的实际效果。此外,隐患排查工作人员的实验室安全知识水平和主观判断标准难免存在差异,对重大安全隐患难以提出专业的整改建议。下达整改通知以后,实验室的整改速度和整改成效仍然难以保障,需要更加有力的措施来实现对隐患整改的及时有效监督。

(四)安全意识淡薄,安全文化缺失

事故致因理论"2-4"模型将安全事故发生的原因分为组织和个人两个层面。在该理论

中，安全文化的欠缺是事故发生的根本原因之一。目前，高校在发展科学研究的过程中往往承担着时间紧任务重的科研压力，容易忽略实验室安全。并且，现有制度对团队科研绩效考核多，对实验室安全考核少，没有把安全放在第一位[10]。尽管党中央、教育部和学校领导对于安全十分重视，然而随着管理工作的逐级开展，培训与宣传方面覆盖面不够广泛，容易出现"上热，中温，下冷"的现象。作为参与实验主体的师生安全意识有待增强，全员安全文化尚未形成，导致安全知识不足，安全习惯不佳，实验操作不规范，容易引发安全事故。

三、实验室安全检查管理举措

（一）强化制度引领，明确检查标准

面对复杂的实验室安全管理形势，高校首先应当建立完善的实验室安全管理制度，包括实验室安全定期检查制度、安全风险评估制度、危险源全周期管理制度和应急制度等。在实验室检查标准方面，可以依据国家法律和教育部最新指示的实验室安全检查标准来进行实验室安全检查工作。《高等学校实验室安全检查项目表（2023）》将实验室检查项目分为责任体系、规章制度、教育培训、安全准入、安全检查、实验场所、安全设施、基础安全、化学安全、生物安全、辐射安全、机电安全和特种设备等方面[11]。根据教育部检查项目表对实验室安全的检查要点进行针对性检查和规范化管理，有助于完善重点设施建设，大幅减少实验室安全隐患，提升实验室安全管理水平。

（二）健全责任体系，建立奖惩机制

构建并落实学校、职能部门、学院、实验室、导师学生的各级责任体系，有利于形成高校上下齐心协力的局面，共同深入开展实验室安全隐患排查治理，降低实验过程和实验环境中的安全风险。此外，对实验室安全还应确立明确的考核标准，建立适当的奖惩机制。将实验室安全检查结果列为考核评价因素之一，制定实验室安全工作考核评价表实行量化考核。在考核之后，对实验室安全管理工作不合格的组织或个人加以通报批评，通过评选年度实验室安全五星实验室、优秀安全负责人等方式激发师生实验室安全工作热情，同时以标杆实验室和优秀个人起到规范化引领作用。

（三）加强信息建设，提升工作能力

实验室安全信息化建设是提升管理水平的重要手段，依据具体功能可以分为基础信息、风险评估、分级分类和安全检查四个模块。实验室基础信息模块可以精确地掌握每间实验室的危险源、设备与人员情况，以应对风险的动态变化[12]。实验室和实验项目安全风险评估模块可以在线上进行相应的风险辨识和风险评估，方便各级单位更新和管理，合

理预防实验室安全风险。实验室安全分级分类模块可以依据危险源和设备类别对实验室分为化学类、生物类、特种设备类、电子类、其他类等六类，依据不同的安全风险分为四个级别。不同安全风险级别的实验室采用不同的检查频次，实现不同风险实验室的差异化管理。实验室安全检查模块可以通过扫描二维码将发现的隐患问题对应到具体实验室，系统同步至学院主管领导、安全管理员和实验室安全负责人等各级责任人，完成整改后线上提交整改报告，检查人员跟踪整改进度，进行线上复查或现场复查确认，实现问题隐患排查、登记、报告、整改、复查的全流程"闭环"信息化管理。此外，安全管理信息化平台还可以实现实验室风险的大数据分析，深度挖掘区域安全风险管控薄弱环节，做到有的放矢、靶向治理。

（四）全面宣传培训，形成安全文化

增强高校全员安全意识需要开展丰富的实验室安全知识宣传和培训，安全检查也是安全培训的一种特殊方式。通过实地的安全检查，实验人员可以在排查隐患和整改隐患的过程中加强对身边安全隐患的了解，有效增强安全意识，纠正不安全行为。系统的实验室安全知识培训需要制定全覆盖、分类别的实验室人员安全培训方案，开展有关实验室安全知识、操作规范、应急处置措施等方面的准入考核，全面提高实验人员安全技能。在安全检查的基础上，也要创新宣传教育形式，通过微信公众号、微博、工作简报、文化月、专项整治活动、安全评估、知识竞赛、征文比赛、微电影等方式，在潜移默化中加强安全宣传，促进形成先进的安全文化。只有充分认识到实验室安全的重要性，具备足够的知识储备和紧急事故解决能力，才能树立牢固的实验室安全红线，形成全民重视的安全文化氛围，为实验室安全运行保驾护航。

四、结语

高校实验室安全检查是排查风险隐患的有效措施，为维护实验室教学与科研活动正常开展提供了有力保障。要坚持开展实验室安全检查以杜绝隐患发生，持续推进实验室安全制度、责任体系和奖惩机制的规范化建设，利用信息化管理平台不断提升实验室安全管理水平，培养全民安全的文化氛围，携手创建和谐安全文明的大学先进实验室教学科研环境。

◎ **参考文献**

[1]安宇，郭子萌，王彪，等．高校实验室事故致因分析与安全管理研究[J]．安全，2022，43(8)：34-39．

[2]沈冰洁，丁珍菊，冯霞．多策并举提升高校实验室安全检查质量与效率[J]．实验室科

学，2023，26（1）：214-216.

[3]宋志军，蔡美强，谢湖均．高校实验室安全检查的现实困境与应对策略[J]．实验技术与管理，2021，38（10）：292-296.

[4]刘伟兰．实验室安全检查管理工作的思考与探索[J]．化工管理，2021（19）：104-105.

[5]李晓蔚，关晓琳，赵小亮．基于教育部《高等学校实验室安全检查项目表》构建实验室安全检查系统[J]．中国轻工教育，2023，26（2）：48-53.

[6]王谦．化学类实验室安全管理现状观察[J]．中国应急管理，2023（5）：34-37.

[7]梁茜茜，梁红梅，王晓鹏，等．加强信息化管理确保实验室安全运行[J]．山东化工，2022，51（18）：182-183.

[8]邓艳美，王文强，王红妹，等．高校实验室安全管理的现状及探索[J]．实验室科学，2023，26（2）：190-192.

[9]张爽男，韩曼瑜，李春鸽．浅谈高校涉化类实验室安全检查普遍存在的问题[J]．广州化工，2022，50（9）：264-266.

[10]席宇迪，马运强，周明龙．高校实验室安全管理问题与改进措施[J]．科技风，2023（19）：160-162.

[11]李培省，贾海江，赵明，等．高校科研实验室安全隐患现状调查与分析[J]．安全，2022，43（9）：60-65.

[12]谢强，张丹丽．高校实验室信息化管理平台建设[J]．数字技术与应用，2022，40（10）：222-224.

国内访问学者实验室安全管理研究

万胜勇

摘要：访问学者访学期间实行一对一导师负责制，他们是在导师指导下进行实验及科研，充分发挥导师传帮带作用，让他们参与到实验中来。通过实验，不但可以让访问学者理论上得以实践、知识得以巩固，更有机会让他们在专业领域得到更专业的培训和培养。那么他们在访学期间须要有高度的安全防护意识，不仅要注意危化品管理、生物安全、仪器安全及试剂管理、辐射防护安全、废弃物处理，还要学会紧急应对，这样才能防患于未然，结束访学后安全返校。

关键词：国内访问学者；实验室；安全；管理

2004年来，教育部为国内高等学校培养了大批学术带头人和学术骨干，很多高校教师通过国内访问学者政策到"985""211"高校访学，教学质量和科研能力取得长足的进步，也给培养高校带来许多交流合作的机会。国内访问学者政策是高校教师发展的重要政策，不仅关系到教师队伍的整体水平，也对高等教育质量不断提升产生深远的影响，是一套行之有效的提升高校教师教学水平和科研水平的有效途径。

教育部高等学校师资培训交流武汉中心在教育部的具体指导下，始终坚持以习近平新时代中国特色社会主义思想武装头脑、指导实践、推动工作，以改革、创新为动力，依托重点高校特色和优势学科，接受兄弟院校学科带头人和学术骨干来校进行访学，工作中不仅制定和完善了一系列管理规定，为培养一批学术带头人和学术骨干积极创造条件，采取积极措施，以建设、培养一支学历结构和职称结构趋于合理、稳定的高素质教师队伍为目标，为培养兄弟院校的学术带头人和学术骨干做出了应有的贡献。高校教师通过国内访学，不仅仅提高教学水平和科研水平，还需要确保学习、实验、科研、人身的安全，要做到防患于未然，才能确保按期按时保质保量回到派出学校。

高校实验室是培养国内访问学者在访学期间进行科研和训练操作技能的重要地方。实验室安全管理是他们在校内学习、科研非常重要的一环，在校期间应严格遵守校内实验室管理的规定。访问学者在访学期间，接收高校均实施一对一的博士生导师负责制，他们在导师的指导下，进入导师的实验、科研和课题小组，进行实验、科研及课题研究，充分发挥导师传帮带作用，让他们参与到实验中来。通过实验，访问学者们不仅实验理论上得以

作者简介：万胜勇，武汉大学继续教育学院。

实践、知识得以巩固，更有机会让他们在专业领域得到更专业的培训和培养。所以他们在访学期间必须要有高度的安全防护意识及实验室操作水平，不仅要注意危化品管理、生物安全、仪器安全及试剂管理、辐射防护安全、废弃物处理，还要学会紧急应对，这样才能防患于未然，结束访学后安全返校。

一、国内访问学者实验室工作中存在的问题

参加国内访问学者项目的高校教师，大部分来自本科院校，也有部分是升格的高校以及职业技术学院。党的十八大以来，国家把教育放在优先发展的战略地位，将提高教师队伍的整体素质作为当前和今后一段时期我国教育事业发展的紧迫任务。党中央对教师发展特别关注，希望高校教师的教学水平和科研水平能不断进步，不断适应新时势、新形式、新前沿、新知识的发展。习近平总书记还指出"党的十九大以来，党中央全面分析国际科技创新竞争态势，深入研判国内外发展形势，针对我国科技事业面临的突出问题和挑战，坚持把科技创新摆在国家发展全局的核心位置，全面谋划科技创新工作。我们坚持党对科技事业的全面领导，观大势、谋全局、抓根本，形成高效的组织动员体系和统筹协调的科技资源配置模式"。高校作为科技创新的主战场，担负着为党育人、为国育才的重担，培养更多优秀的高校教师是国家教育事业发展的长远规划与目标。

高校青年教师们对自身专业成长和可持续发展也有强烈愿望，希望能有更多的机会到高水平大学进行访学学习，学习最前沿的知识。因诸多高校不可能满足所有高校教师外出学习的申请，所以访学教师都非常珍惜访学机会。有的教师在访学期还依然承担着派出学校的教学任务和科研工作，这样就导致他们的访学目的很强，对自己要求也很高，更有部分访问学者是带着科研任务和课题来参加访学，抓紧时间学习和实验。在实验中还存一些安全隐患，需要引起重视。

(一)求学心切，疏忽实验室安全的意识

按照国家文件规定，访问学者前来"985""211"高校进行学习和科研时，须进入导师的实验与科研课题研究。根据要求，访学学员会进入相关的实验室进行相关的实验与研究。在做实验时，因为时间紧、访学机会难得，为了尽快得到实验结果和实验数据，他们往往加班加点，废寝忘食，极度渴求，容易导致他们忽略实验室安全。

(二)科学化技术没有跟上，不会使用实验设备

随着科学技术的发展，许多高校的实验室采用了信息化管理系统，发生多样性的变化。在实验室安全管理中也运用了很多高科技手段和技术，建立了智能化实验室，建立了集信息化、智能楼宇、安全报警系统、消防系统等为一体的信息化系统。有部分国内访问学者来自偏远学校或者派出高校实验室条件有限，很多理论知识还停留在自己的大学阶段

或者书本上，没有跟上新形势的发展，不会使用实验室设备，或者对操作系统不熟悉，没见过，参与实验时盲目操作，会产生不安全的因素。

(三) 缺乏培训，应急事故处理能力可能差

因访问学者均来自高校，部分学员长期承担着实验任务，有一定的实验基础，现申请"985""211"高校做访问学者，他们在实验中难免会碰到各种问题或者各种紧急问题。如出现问题，没有经过系统培训，没有人组织，往往缺乏应急预案的意识和方法，会手忙脚乱，无所适从，极有可能出现误判或者延误，会有一定的安全隐患。

二、国内访问学者实验室安全管理措施

(一) 加强实验前的常规培训

在进入实验室开始实验之前，要对实验操作步骤、实验仪器使用和实验室安全常识进行常规培训。培训的主要内容包括实验操作规程、实验仪器使用方法、实验试剂管理、实验数据分析及实验安全知识等。实验室培训的内容要结合实验室的具体情况，根据实验室的工作内容、实验要求和人员素质等因素进行定制，以确保培训效果。

培训可以采用视频培训，也可以请实验员现场讲解。每个实验仪器设备使用均须有使用说明，如文字说明或者视频讲解，便于访问学者们能清晰、直观、易于理解和掌握。培训结束后，经过考试或者抽查合格方可进入实验室。这样既保证了访问学者对实验仪器设备的深入了解，确保实验环节顺利开展，也加强了访问学者对实验操作步骤和安全规程的学习掌握，也有效地保护了访问学者的人身安全。

(二) 开展实验安全专题讲座

聘请专业的仪器设备和实验专家来校讲座。如开学时，邀请实验室管理部门对访问学者进行实验室安全与操作的培训。培训内容可以从实验安全意识、推进智能时代的实验室安全信息化建设方面、实验室安全检查与管理方面等进行，通过专业培训增强访问学者的实验室安全责任意识、实验室安全操作、规避实验室安全隐患辨识，进一步增加访问学者实验室风险防范能力，为加强学校实验室安全管理、营造实验室安全和谐的教学、科研环境提供了有力保障。

(三) 签订安全责任书

访问学者虽然来校前是教师身份，进入访学阶段后，就成为了一名学生，可以与导师的硕士生、博士生一起上课，参加导师的科研、实验以及课题，那么与他们签订实验室安全责任书就具有非常重要的意义。应从安全意识、操作规范、安全处置、实验数据、信息

安全等方面来进行约束与管理。

(四)加强教育、检查与督查，确保实验室安全意识入脑入心

访问学者进校后，专业上属于导师负责制，但作为学校相关的职能部门还须加强实验室安全的教育、检查与督查，确保每个访问学者都能遵守国家、学校的相关规章制度，不出实验室安全事故，让他们安全来校学习，平安返校愉快。

通过一年期的访学经历，访问学者们完成访学任务后，回到派出学校，相比之前，他们一般都会增加更多扎实的理论与广阔的知识面，科研能力和思维方式也会得到提高，实验能力与水平也得取得长足的发展。他们返回派出学校后，不仅能将访学高校的文化、成果带回本地，也能将所学知识运用到教学与科研中。架起访学高校与派出学校之间友谊的桥梁，不仅能促进本校教学科研的发展，还能有力促进国家高等教育事业的发展，共同为教育强国奋斗。

仪器设备管理

新形势下高校进口设备的管理风险与优化途径

龚彦华　李　伟　梁偲偲

摘要：当前国际环境日益复杂，国际贸易直接受到影响，国内也采取了一系列政策进行应对。高校进口购置仪器设备属于国际贸易范畴，加之进口设备购置力逐年增加，在当前国际贸易形势下进口业务的风险隐患愈显突出。初步分析了目前面临的国际环境，指出国内相关的政策变化。在此基础上，展现了高校进口业务的管理现状，提出可能面临着政策、合同、信用、结算等四个方面的风险，并且结合高校管理实际，提出了从信息平台建设、法律手段保护和银行资金监管的三个优化途径，有效防范高校进口设备管理风险的同时，不断提高进口设备的管理水平，保障国家教育投入的经济效益。

关键词：高等学校；新形势；进口设备；风险防范

在"双一流"建设背景下，为支撑国家科教兴国战略、创新驱动发展战略，高校教学科研投入力度逐年增加，体现在高精尖仪器设备的购置量逐年增长[1]。高精尖仪器设备是高校提升科学研究水平、培养拔尖创新人才的重要条件[2]，对于国内不能生产或者无法满足的一些高精度、高性能的仪器设备，需要通过进口购置。鉴于国际贸易受国家政治变动、国际局势变化等影响，高校进口仪器设备存在潜在风险大、复杂程度高的特点[3][4][5]。现行国际环境日趋复杂，不稳定性、不确定性明显增强，国内高校进口管理工作需要针对现状[6]，通过优化进口管理，降低风险、提高管理效率。

一、面临的新形势

(一)日趋复杂的国际环境

2020年初暴发的新冠疫情影响广泛深远[7]。疫情冲击下，国际贸易大幅萎缩，国际交往受限。通过我国政府强有力的经济政策调控，中国市场趋于稳定，但是疫情后全球经

作者简介：龚彦华，实验室与设备管理处，设备管理办公室主任。
李伟，实验室与设备管理处，设备管理办公室职员。
梁偲偲，实验室与设备管理处，设备管理办公室职员。

济的各类衍生风险长期存在，在进口贸易过程中的影响不容忽视。

国际形势复杂多变且更趋激烈[8]。一些大国竭力渲染意识形态对立，动辄以制裁相威胁，国际关系中不公正不平等现象依然突出。部分发达经济体实施贸易保护政策，建立排他性保护性较强的区域贸易协定。经济全球化遭遇挫折挑战，产生物价上涨、出口限制等一系列对我国进口贸易的不确定性。

（二）不断调整的国内政策

财政部、海关总署、税务总局等多部委 2021 年联合发布《关于"十四五"期间支持科技创新进口税收政策的通知》《关于"十四五"期间支持科技创新进口税收政策管理办法的通知》，并且根据财关税 2021 年 23 号及 24 号文，国家相关部委联合出台《科研院所等科研机构免税进口科学研究、科技开发和教学用品管理细则》。2020 年，修订《中华人民共和国技术进出口管理条例》，商务部建立不可靠实体清单制度。2021 年，对于自由贸易试验区外商准入实施特别管理措施，商务部、海关总署调整发布《两用物项和技术进口出口许可证管理目录》。国家外汇管理局 2020 年发布了《关于优化外汇管理，支持涉外业务发展的通知》，并且陆续出台对于境外账户、外币计价、外汇交易等管理的一系列政策。

在复杂的国际环境下，维护国家发展利益和公平自由的国际经贸秩序，财政部、商务部、海关总署、外汇管理局等有关国家机关，近年来出台了相应的法律法规，也通过制定一系列政策，支持国内科技创新，深入实施科教兴国、创新驱动发展战略，提升综合国力。因此，为顺利开展高校进口设备管理工作，确保教学科研工作，一方面需要采取措施规避瞬息万变的国际环境带来的贸易风险，另一方面需要适应不断调整的国家法律法规以及方针政策。

二、管理现状及风险

国内高校对于进口设备的管理程序，因职能部门的分工、业务侧重点不同，流程环节存在差异，但是业务流程大体一致[9]。具体流程如图 1 所示：

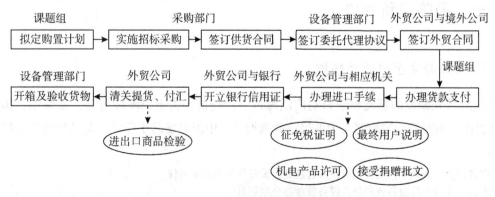

图 1　进口设备业务流程图

由于设备进口流程复杂，涉及环节多，同时业务主体不同，每个环节和业务主体都可能成为潜在的风险点。随着科教投入力度的加大，免税进口设备业务量同时逐年增加，潜在的风险程度也随之增加。在现行的业务流程前提下，结合高校进口设备管理的实际工作，主要存在的风险在如下几个方面：

（一）政策风险

在逆全球化世界格局下[10]，受国内外政策控制，会造成设备进出口受限、价格上涨、供货周期延长等问题。以美国为首的西方国家为维护其国家利益设立出口管理条例名单进行技术制裁，我国部分高校进入了西方国家的实体名单中。西方国家对于部分包含核心技术的高端仪器也限制出口。因此，即使高校课题组拟定了购置计划，或者招标确定了购置设备，也因为西方国家的技术制裁，不能进口；因贸易争端引起的关税上调，俄乌冲突等国际局势造成大宗物资物价上涨，导致进口仪器设备成本增加。因此，课题组购置进口设备往往会出现超预算的情况。之前全球疫情多发之时，航空、船舶运输受限，往往造成设备不能按时、甚至不能到货的情况。

（二）合同风险

因高校没有独立进出口权，需要委托具有相应资质的外贸代理公司代表高校履行进口购置行为。在此过程中，一般出现三类合同：供货合同、委托代理合同及外贸合同。同时涉及四个责任主体，包括高校、外贸代理公司、国内销售代理及境外厂商。合同的风险表现为：国内销售代理与高校签订的供货合同所约定的产品型号规格、质保及售后服务、交货期、付款方式等条款，在委托外贸代理公司与境外厂商订立外贸合同过程中，变更供货的重要条款，境外厂商不按照供货合同条款履约，或者委托代理协议中不详细约定送货方式、理赔方式、费用问题等。合同不能清晰、按要求约定，在供货过程中，很大程度将会造成货物损失。

（三）信用风险

信用风险主要来自国内销售商与外贸代理公司，作为高校合作方，如果违约或者履约能力下降可能带来很大程度的损失。国内销售方面，为满足课题组购置需求，夸大设备的性能参数、配置，造成验收时"货不对板"隐患。外贸代理公司全权负责设备进口事宜，包括开立银行信用证、支付货款、清关提货、运输交付以及办理进口手续等关键环节。外贸代理公司的履约能力直接影响高校合法化免税资格，同时存在货物、资金安全隐患。

（四）结算风险

根据国际外汇交易的惯例，一般采用信用证或者到货后电汇的付款方式，信用证支付方式占进口设备付款方式的90%以上。结算的币种绝大部分为美元。许多高校向外贸代理公司支付货款，以及外贸代理公司向境外厂商支付货款的时间总有间隔。因此，结算的风险来自于汇率的波动[11]。往往高校一方面未全面考虑，采取合理化的支付方式，另一方面未根据时事政策调整支付模式，因此，在支付货款的过程中，面临汇率波动幅度较大的情况下，一定程度上造成资金的浪费。

三、管理优化的途径

总体而言，面临当前国内外的形势，在现行的管理模式下，需要通过优化管理途径、强化管理手段，最大限度规避风险。

(一)建立信息平台，把控流程节点

通过进口设备管理信息平台的建立[12]，主要利用现代化管理手段，打通相关业务系统的流程，跟踪管理进口设备流程的关键环节，客观展现外贸代理公司、供货商的服务质量。

一是定义进口业务流的关键环节，包括签订供货合同、委托代理协议、外贸订货合同、开立银行信用证、预支付货款、办理免税、清关提货、支付境外厂商货款等一系列需要监管的关键点。同时设计完成关键环节的要求，如时间限制、凭证材料、用户意见等。通过流程中各类要求的完全情况，及时跟踪设备进口的进展，提高业务时效性的同时增加进口过程透明度，有效研判进口过程可能出现的风险隐患。

二是将进口设备的业务流嵌入招投标管理、仪器设备资产管理等业务系统中，从购置申请、可行性论证、招标采购、确定中标，完成进口购置后，到开箱清点、到货验收等资产管理部分，实现仪器设备全链条的管理。可以避免因为职能归属不同的问题，造成进口设备购置流程的业务脱节，全面掌握进口设备的过程，根据国际国内时事造成的一系列政策变化，及时调整进口购置需求，实现顺利进口、安全到货、有效使用。

三是设备的进口购置，需要国内代理商、外贸代理公司及境外厂商的密切配合，同时需要他们作为学校合作方，提供高质量及高水准的业务服务。利用信息平台，及时跟踪进口过程，全面掌握进口各环节的业务质量，随时了解用户的反馈，也是客观了解国内代理商的代理质量、外贸代理公司的服务水平的有效途径，作为学校后续进口设备购置遴选服务商的重要参考。

(二)强化合同签审，维护合法权益

在新形势下，优化高校进口设备的管理，重点需要把握合同的签审。利用法律手段规范高校服务商的遴选机制，明确各责任主体的责任与义务，保障高校在进口设备过程中的合法权益[13]。

首先，遴选高校进口设备的优质合作方，包括供货代理商及外贸代理商。为确保货物

品质，减少货物质量引起的纠纷，优先选择国外知名品牌，也尽量选择与境外厂商关系最为直接的设备总代理商。为确保高校顺利购置进口设备，可以建立外贸代理公司的定期遴选机制，将公司资金实力、信用等级、服务人员、同类设备进口的业绩、风险防范措施等作为遴选指标。通过供货代理商和外贸代理商两方面的遴选，控制高校面临的信用风险。

其次，需要在实际合作中，建立格式合同，确保高校进口过程的利益。与供货代理商签订供货合同时，务必绑定境外厂商的供货责任，明确设备配置、质保期、售后服务、交货期、付款方式、验收技术指标等重要条款。与外贸代理公司签订委托代理协议时，除了规定供货条款与供货合同一致外，还需要进一步规范付款方式、送货方式、理赔责任以及服务费用结算等条款。

最后，重点审核合同关键条款后再签订。在进口过程中，详细核对招标文件、谈判记录，审核供货合同、委托代理协议、外贸合同的重点条款的一致性，避免境外厂商、外贸代理公司擅自变更条款内容，无法按照招标要求提供货物，或者设备质量出现问题时不能正常维保。

(三) 引入银行监管，确保资金路径

高校进口仪器设备只能通过外贸代理公司完成，按照国际贸易惯例，一般会采用信用证的支付方式。高校往往先支付货款给外贸代理公司，公司开立信用证后，境外厂商备货发货。因此，许多高校重点关注资金安全。保障资金安全的办法是引入银行，利用银行的账户管理及信贷业务干预，进行资金的监管。

1. 设立监管账户

外贸代理公司在其合作银行设立资金监管账户，高校仪器设备货款作为专项资金进行管理与使用。高校指定专人负责监管账户审核。进口设备的货款指定汇入监管账户后，专人审核通过资金的用途，外贸代理公司才能获取货款。

2. 掌握资金路径

银行的信贷业务遵循国际贸易惯例，信用证项下设有保证金账户，专门用于该信用证的支付。同时，境外厂商按要求供货后，符合信用证条款，银行审核"单证相符"，即可通过保证金账户支付境外厂商货款。通过银行监管，高校进口仪器设备款从监管账户直接支付至信用证保证金账户，切实确保外货款的专款专用。

3. 降低汇率风险

凡采用外币结算的进口设备，均存在因汇率波动带来的汇差风险。一方面，高校需要积极关注国际形势与政策，预判可能发生的汇率走向，安排合适的资金支付时间点；另一方面，按照外汇管理的政策，在银行的监管下，要求外贸代理公司及时锁汇。此外，尽量缩短货款支付时间，同时与外贸代理公司制定汇差分摊的制度。

四、结语

目前，随着科教兴国战略的深入实施，高校对于进口设备的需求越来越大，进口设备的管理面临着错综复杂国际形势与瞬息万变的国内政策，潜在的国际贸易风险隐患不容忽视。鉴于进口设备购置的复杂性、特殊性，作为高校进口设备管理工作者，需要正视当下世界格局的变化，自觉提升危机意识，及时地、认真地分析现阶段高校进口设备管理可能存在的风险点。结合进口业务管理实际，积极应对，寻求科学合理、切实有效的途径，不断优化高校进口管理流程，切实发挥进口设备对高校教学、科研的支撑作用。

◎ 参考文献

[1] 何亚群，王婕，吴祝武，等．大型仪器共享平台建设在一流大学人才培养能力建设中的作用[J]．实验技术与管理，2019，36(8)：9-13.

[2] 国务院．关于国家重大科研基础设施和大型科研仪器向社会开放的意见[EB/OL]．(2015-01-26)[2022-09-04]．http：//www.gov.cn/zhengce/content/2015-01/26/content_9431.htm.

[3] 金仁东，徐宁．高校进口设备合同风险及防范策略[J]．实验技术与管理，2018，35(6)：261-263.

[4] 李风芹．新形势下高校免税进口设备科学采购与风险防范研究[J]．实验技术与管理，2019，36(11)：286-289.

[5] 李加宏，赵鹏，张寿彪，等．科研院所进口仪器设备采购的风险防范与管理优化[J]．实验室研究与探索，2021，40(5)：285-288.

[6] 霍莹，沈如群，孙品阳．中美贸易摩擦背景下高校免税进口设备采购现状与应对策略[J]．实验室研究与探索，2021，40(5)：281-284.

[7] 刘斌，潘彤．新冠疫情背景下中国对外贸易的现状分析、趋势研判与政策建议[J]．中国经贸，2021(7)：29-35.

[8] 林利民，李莹．试论新冠疫情对世界政治的深远影响[J]．现代国际关系，2021(3)：15-23.

[9] 龚彦华，雷敬炎，李伟．高校进口免税管理工作的探究[J]．实验室研究与探索，2019，38(7)：274-277.

[10] 张龙林，刘美佳．当前西方逆全球化思潮：动向、根源及纠治[J]．思想教育研究，2022，335(5)：119-124.

[11] 路妍，李爽．货币替代、通货膨胀与人民币汇率波动——人民币自由兑换可行性研究[J]．上海经济研究，2022(7)：103-116.

[12]科技部　海关总署关于印发《纳入国家网络管理平台的免税进口科研仪器设备开放共享管理办法(试行)》的通知[EB/OL].[2022-09-04].http://www.gov.cn/gongbao/content/2019/content_5377127.htm.

[13]谢梅.论高校招标采购进口免税设备的法律困境[J].实验技术与管理,2018,35(10):252-255.

高校设备资产清查信息系统的建设与实践

胡　颖

摘要：高等学校开展设备资产清查盘点可摸清家底，反映真实使用状况，提升设备资产的使用效益。本文根据国家政策、学校内控要求和信息化建设的要求等三方面，开展设备资产清查工作的信息系统建设。建设过程中确立了系统建设原则，包括数据库的设立、功能分类、电脑端与移动端并行等，并从角色分配、任务设置、操作功能、数据处理等方面开展系统建设。系统建成后在学校设备资产清查、实验室设备信息统计等工作中得到较好运用，并提升了管理工作的质量。

关键词：高等学校；设备资产；清查盘点；信息化建设

仪器设备是高等学校固定资产中的重要组成部分，为教学、科研、行政、后勤等工作的顺利开展提供物质条件保障。近年来随着国家对教育事业投入的增加，仪器设备的保有量与使用管理状况也成为衡量高等学校办学实力的指标之一。因此，高等学校的职能部门需要做好设备资产的全生命周期管理，充分发挥国有资产的使用效益。其中，设备资产清查盘点是全生命周期的中间环节，起到承上启下的作用，可摸清家底、盘活现有资源，促进实现"账实相符"。

一、系统建设背景

(一) 国家政策要求

2018年5月16日，教育部发布《关于直属高校直属单位实施政府会计制度的意见》（教财〔2018〕6号），要求高等学校从2019年1月1日起正式执行政府会计制度，其中要求开展资产核查工作，进一步明晰资产使用责任主体。2021年国务院发布《行政事业性国有资产管理条例》（国务院令第738号），要求各部门及其所属单位应当定期或者不定期对资产进行盘点、对账。2022年10月，财政部发布《关于盘活行政事业单位国有资产的指导意见》（财资〔2022〕124号），要求加强信息技术支撑，通过盘活存量资产切实提高现有

作者简介：胡颖，实验室与设备管理处，设备管理办公室副主任。

资产使用效益。因此，根据国家政策要求，高校需要利用信息系统开展设备资产清查工作。

（二）学校内控要求

首先，基于内部控制的要求，高等学校需要对设备资产定期开展清查盘点，以摸清家底，掌握资产的使用现状，实现对设备资产的动态管理。其次，开展设备资产清查可促进实现"账实相符"，维护国有资产的安全与完整，使账目价值真实、可靠。最后，通过开展设备资产清查可发现管理中存在的问题，提升国有资产的使用效益，为预算配置和学校决策提供依据。

（三）信息化建设的要求

与高校中其他类别的固定资产相比，设备资产具有品种多、数量大、分布广、年代久等特点，如果依旧采用人工清点的方式已非常落后，不能满足信息化时代的要求。利用信息系统开展清查盘点工作，无论是工作效率还是准确性均可以得到极大提升，而且可以通过系统对数据进行全方位分析，根据用户需求生成各类报表，反映工作状况。

二、系统的建设与实践

（一）系统建设的基本原则

1. 数据库的设立

设备清查工作主要是针对存量设备开展，因此清查数据需与主库既有数据保持一致，但又不能影响到主库的安全稳定。因此，在设立清查数据库时，与主库共享清查基准日前的数据但又彼此独立，清查过程中的任何操作不改变主库数据。

2. 功能的分类

清查期间，新设备的验收入账功能正常进行，设备调配和设备报废功能暂停，以保证被清查数据的稳定与准确。清查结束后根据用户点击确认的结果，批量生成设备调配单和报废单，并数据将状态同步更新到主库，所有日常业务功能恢复至正常。

3. 电脑端与移动端并行

根据现代技术发展，设备清查信息系统在电脑端与移动端同时建设，系统架构与数据均保持一致（见图1）。根据用户习惯，由于手机屏幕较小且大多利用碎片时间操作，因此移动端主要设置基础功能，并以勾选为主，减少用户输入、填报的频率。

图 1　端设备资产清查信息系统的设置

(二) 系统功能设置

PC 端系统功能的设置如图 2 所示。

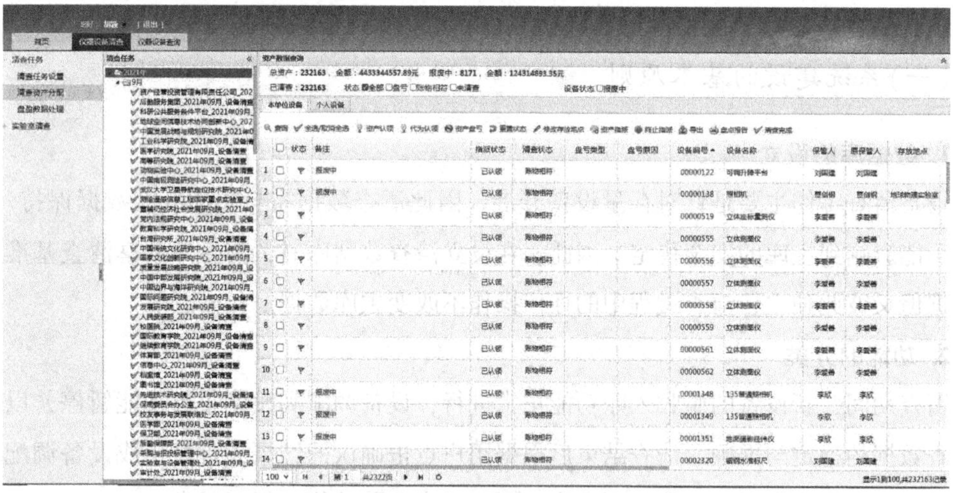

图 2　PC 端设备资产清查信息系统的设置

1. 角色分配

根据工作实际情况，系统中角色分为三类，分别为个人用户、院部管理员和系统管理员。三类角色分别代表了三个不同层级，具备不同的功能权限，行使不同的工作职责(见表 1)。

表1　　　　　　　　　　　　系统功能设置与分级权限

功能名称	功能介绍	个人用户权限	院部管理员权限	系统管理员权限
查看数据	查看设备数据信息	对个人名下设备进行操作	对本单位数据进行操作	对全校数据进行操作
资产认领	对账实相符的设备进行认领			
资产指派	指派至实际保管人			
修改存放地点	修改设备的实际存放地点			
资产盘亏	对有账无物的设备认定为盘亏			
代为认领	代他人认领其名下账物相符的设备	无		
重置状态	对已操作过设备重置至初始状态			
终止指派	对指派中设备终止操作，认领至被指派人名下			
导出数据	将数据分类导出为 Excel 格式			
清查完成	确认清查任务已完成，且数据不能更改			
生成盘点报告	按系统格式，生成本单位的清查盘点报告			
任务批处理	启动、终止、批处理清查任务		无	
任务设置	设置任务的日期、单位、数据范围			
任务分配	任务分配、进度查询与编辑			

2. 任务设置

清查任务可根据工作需要进行设置，包括任务的分类、编号代码、涵盖的单位、起止日期以及进度状态等。在每一个具体清查任务中，可对资产状态进行设置，包括账物相符、盘亏(有账无物)和盘盈，以供用户进行选择标记。另外，当用户将资产状态标记为"盘亏"后，则必须对盘亏原因进行描述，将盘亏原因进行细化，包括被盗、遗失、人员变动、其他等。

3. 操作功能

清查任务设置后，可在每一个任务中对数据进行操作，包括查看数据、资产认领、资产盘亏、代为认领、资产指派、终止指派、修改存放地点、重置状态、清查完成等，可对一条或多条数据进行操作。具体功能见表1。

4. 数据处理

清查过程中和结束后，可根据需要对数据进行处理，包括数据分类汇总、导出 Excel 表格、生成清查报告等，便于工作人员对数据进行分析。

(三) 系统的应用与实践

系统建设后，为保证投入使用的效果，面向用户开展了使用培训。结合不同单位用户的特点，分层次分类别，利用短视频、PPT、宣讲会、培训手册等多种形式，让用户能快速掌握操作方法，以应对大量的清查任务。同时，在网上填报后，还到各单位进行设备资产的实地核查，检验信息系统数据与实物之间的一致性，确保本信息系统的可靠性，为后期维护与迭代升级提供基础。

三、建设成效

(一)建立起了高效的清查信息系统

信息系统建立后，在学校近两年的设备资产清查、部分机构调整时设备清查、实验室设备信息统计等工作中发挥了稳定作用。在学校设备资产清查工作中，年平均清查设备234718台，参与的二级单位近百个，每年涉及的保管人平均为7344人，持续时间约为一个半月。短时间内大量的人员访问系统，并对数据进行频繁操作，对系统提出了较高的要求，也经受住了考验。在实验室设备信息统计工作中，本系统根据新的工作需要进行扩展更新，体现了系统的灵活性和可扩展性，为后续其他工作提供了良好案例。

(二)规范了存量数据

我校存量数据超过25万条，由于历史原因部分数据不够规范，例如早期手工填报时存在笔误，还有历史数据的保管人未与人员工号关联等。这些都不能满足当前各项工作的要求，因此需要对数据进行体检和清洗校正。但由于分级管理的权限不同，且不能影响日常工作的开展，因此部分数据一直未得到校正。通过信息系统的投入使用，用户对设备逐台进行清点的同时，在系统中对有误的字段进行校正，实现了清洗存量数据的目的，数据质量得到进一步提高。

(三)为工作决策提供了数据支撑

在利用本系统开展设备资产清查的过程中，也暴露出了一些管理工作中存在的问题。例如，建账不规范导致部分耗材按设备入账、同一设备重复建账后未退单、建账后未到财务报账、设备标签粘贴不规范导致无从查找、自行处置设备未下账、捐赠设备未入账、少量设备长期闲置等。这些问题大部分由于国资管理意识不到位引起，通过信息化开展设备清查后得到暴露，为管理工作提供了数据支撑，同时也为开展下一步工作提供了决策方向。此外，本项工作也为政府会计制度改革提供了基础数据，确保账面价值与实物之间的统一，进一步反映了仪器设备的真实占用使用状况，为折旧提供了高质量的数据支撑。

(四)以查促管，提升工作质量

利用本信息系统开展设备资产清查工作后，各单位与设备使用人员的工作主观能动性得到提升。例如，部分设备保管人离校未进行交接，还有部分人员岗位调动后未及时变更名下设备，在信息系统中进行清查盘点后，各单位都主动对此类问题进行了及时更正，在系统中利用调配功能变更保管人。近两年，学校设备资产在院部间调配的年平均数为43973台，而在信息系统投入前，年平均调配量仅为5104台，增幅达761%。数据变动充分说明以查促管成效显著，管理工作的质量得到提升。

四、结语

作为国有资产全生命周期管理中的重要环节，设备资产清查具有工作量大且繁琐的特点，信息系统的建设与使用可大大提高工作效率，优化管理模式，具有较强的现实意义。本研究通过建立信息化系统，在多项实践工作中得到运用，为国有资产管理工作夯实了基础，为学校"双一流"建设提供了坚实条件保障。

大型仪器设备的开放与共享

张 昭

摘要：大型仪器设备是高校教学、科研、人才培养的重要保障，也是创新体系和创新型国家建设的重要支撑。近年来，随着高等教育改革发展和科技进步，高校仪器设备投入逐年增加，仪器设备的管理工作也日趋规范、高效。但随着高校的发展，在大型仪器设备使用和管理过程中也出现了一些问题，影响了仪器设备的开放共享。针对这些问题，需要从仪器设备管理工作体制机制建设、制度体系建设、政策措施落实等方面采取有效措施进行改革创新。

关键词：大型仪器设备；开放；共享

大型仪器设备是国家科技创新的重要基础和支撑条件，是实施创新驱动发展战略、促进科技进步、提高国家经济竞争力的重要手段，也是高校建设世界一流大学的重要物质基础。但由于设备管理制度不完善，一些仪器设备没有充分发挥作用。国家自然科学基金委管理科学部副主任张强在 2018 年 9 月作的《大型仪器设备的开放与共享》报告中指出，一些高校在这方面做了不少探索和实践，取得了一定成效，也存在一些问题。

一、管理机制

(一)大型设备开放制度及管理办法

为集中管理贵重仪器设备，集中管理大型贵重仪器设备，实施贵重仪器设备共享，确保教育科研高效优质使用设备，将成立大学大型设备实验中心。实验中心在调研和讨论的基础上，发布了大型设备开放共享管理文件，规范大型设备的开放使用，为大型设备管理提供框架和指导。各大学建立了大型设备开放基金，鼓励教师和学生利用大型设备资助教学和研究项目。开放基金可以承担大型设备的部分耗材和维修费用，形成良性循环。开放基金的引入不仅有力地调动了教师和学生的积极性，而且也提高了工具和设备的使用率。

作者简介：张昭，科研公共服务条件平台，业务运行办公室主任。

（二）提高大型设备管理人员素质

大型设备价值高，要求仪器精密，技术含量高，管理、操作和技术人员培训水平较高。学校在重视设备投入的同时，也注重设备管理人员的培训，有效提高了实验室设备管理人员的待遇和地位，稳定了实验室技术队伍。大型设施设备由专门的实验教师负责管理，保证了设备的专业管理。操作人员具有较高的知识水平和经验，保证了大型设施设备的正常维护，以及设备功能的运行、维护和开发。设施管理人员定期接受大型设备和仪器的使用和维护培训，并组织一些会议、科技活动和交流，促进设施管理人员活动水平的不断提高。同时，实行设备管理人员考核制度，激发设备管理人员的工作热情，鼓励实验室技术人员自觉增强责任感，提高自身的活动水平。

二、开放与共享措施

（一）利用网络资源，实现开发与共享

大型设备的管理不应封闭，应以开发和利用新的设备功能为目标，而不是只用于自己研究项目的实验研究。校级实验中心应作为校级设备和设施共享的中心平台，让全校师生都能使用大型设备和设施。利用最新的网络技术，在学校网站上建立大型设备共享信息管理平台，发布拟开放和共享的设备和器材信息，包括名称、型号、型号规格、技术指标、服务区域、主讲教师信息、开放时间和测试费用等信息，供公众查询。同时，可以在平台上提出设备使用的在线预约申请。大型的、昂贵的、技术先进的设备可以根据教学和研究的需要，向社会提供有偿的开放服务。大学网站上的共享平台提供向公众开放的服务信息，公布贵重工具和设备的名称、功能和使用费用等信息，方便本单位用户申请。共享平台应具备预约功能，允许单位在网上申请，经行政部门批准后支付必要的设备使用费。这不仅有利于设备的使用，还能提高单位的成本效益。

（二）大型设备与本科教学

大型设备价格昂贵，耗电量大，备件和维修费用高，需要的学生也多。这使得大型设备很难参与到本科生的教学中来，而且一般来说，本科生要做的实验数量会减少。为了充分实现大型设备在学生教学中的作用，提高其有效性，特别是在向学生传授复杂技术方面，大型设备不仅应该用于研究项目，还应该积极参与到学生教学中。可以教学生自己使用设备，自己制定完整的实验方案，包括实验的目的和意义、实验方法、取样、时间和目标。实验方案经导师审核通过后，学生按照实验方案进行综合实验，并在实验结束后，按照规范要求整理并提交综合实验报告。学生可以在课余时间参加大学研究计划项目，教师可以利用大型设备为学生开展创新实验，作为研究项目的成果。基础研究、应用研究和教

学、科研、生产发展方面的课题，在大学研究和教育计划项目中结合学生的实际生活进行开发，让学生在培养实践能力的同时了解科研和生产的实际情况。所有学生都可以利用大型设施进行论文制作，并为此提供良好的实验条件。

（三）大型设备与开放性实验项目

为了提高学生的实践水平，培养学生的创新思维，充分利用实验室资源，增强教职工的科研和进取精神，开放的实验室项目涉及多个机构，有明确的开放制度。教职员工以研究为导向，具有很强的创新能力。他们根据自己的课题申请开放实验项目，学生参与开放实验项目。学生可以通过网站直接申请参与开放实验，也可以向实验室发送预约申请。在了解了实验的背景、目的和基本内容后，学生在老师的指导下规划实验方案、使用大型设备、分析实验数据和撰写实验报告。通过参与研究，学生不仅加深了对大型设备的认识，还培养和提高了分析问题和解决实际问题的创新能力。

三、存在问题

（一）大型仪器设备共享平台建设滞后，使用效率不高

近年来，随着高校学科建设的不断发展，科研水平的不断提高，大型仪器设备的投入越来越大。在实际使用过程中，一些学校的大型仪器设备闲置率高，主要原因是前期没有重视大型仪器设备的管理和共享平台建设，造成了资源浪费和闲置。

（二）管理机制不健全、制度不完善

我国高校现有的大型仪器设备管理制度一般是在政府或科研院所等主管部门颁布的规章制度基础上制定并执行。但随着科技发展速度加快，这些制度已不能满足高校管理需求，且逐渐显现出一些问题，如审批、验收、日常维护等管理部门职责不清；资产管理制度不健全，对资产进行动态管理、价值核算与定期清查缺乏有效措施；收费政策不明确，仪器设备管理部门既要收费又要提供服务难以平衡。长期以来，高校大型仪器设备开放共享工作处于自发状态且没有专门机构和队伍负责，对开放共享工作缺乏统筹规划和监督管理。此外，大型仪器设备的购置存在前期论证不足、运行使用维护费用预算不足等问题。这就造成了大型仪器设备开放共享工作缺乏强有力的制度保障。

（三）大型仪器设备配置不合理

部分高校购置的大型仪器设备重复购置、闲置浪费现象比较严重。一是从学科结构来看，不少高校本科专业设置与科研项目设置重合度较高。二是从学科差异来看，不同高校在同类学科领域仪器设备配置结构不合理。三是从资源分布来看，同一学科领域仪器设备

分布在不同区域、不同学校甚至不同校区。四是从专业门类来看，一些高校对某一类专业学生和教师配备的实验教学、科研仪器设备重复配置严重。大多数高校对大型仪器设备的购置缺乏统筹规划和论证；一些高校在配置大型仪器设备时缺乏市场调研和科学论证；有的学校对大型仪器设备的维护维修经费投入不足；有的高校对大型仪器设备的考核评价机制不完善；一些高校对教师和学生使用大型仪器设备过程管理不到位，未能及时解决运行维护中出现的问题，影响了其使用效率。

(四)实验技术人员队伍建设滞后

许多高校普遍存在着实验技术人员数量不足、结构不合理、专业化程度低、管理手段落后等问题，很难适应高校的发展需要。一方面是技术力量不足，主要表现在技术人员数量不足；另一方面是专业结构不合理，主要表现在专业结构不合理。

(五)共享机制缺乏协同化管理和共享平台建设不完善

目前高校虽都建立了实验室开放共享的协调机制和共享平台建设制度，但缺乏系统、有针对性的平台管理体系建设以及相关配套的激励约束机制等。

四、原因分析和解决措施

(1)认识不够。一些高校对大型仪器设备开放共享工作不重视，缺乏有效管理机制；对仪器设备的价值缺乏正确的认识，认为仪器设备购置后就是闲置的，不愿意对其进行共享；缺乏有效的激励机制。

(2)机制不活。管理体系不健全，组织结构、运行机制、评价考核制度、人员配备等方面还存在诸多问题，影响了开放共享工作的正常开展。

(3)队伍薄弱。高校现有仪器设备管理人员大多由教学、科研人员兼职，不具备系统地进行仪器设备管理知识和技能培训。同时，大多数高校仪器设备管理人员由行政部门、后勤部门或教学科研单位临时聘用，没有长期固定的管理队伍，且人员结构老化，严重制约了仪器设备管理水平和开放共享水平的提高。

(4)配套政策不足。高校对仪器设备开放共享缺乏明确、系统、稳定的政策支撑和资金保障。

为贯彻落实国家和省关于科技创新的政策要求，进一步健全大型仪器设备开放共享评价指标体系，根据国家有关规定对科技重大专项、科技创新基地等进行科学考核，推动高校仪器设备向社会开放共享，提高仪器设备的使用效率和效益，为学校教学、科研和人才培养提供服务。具体措施如下：

(一)建立健全管理制度，完善规章制度，使制度落到实处

首先，要建立健全仪器设备管理的各项规章制度，制定仪器设备共享的工作流程、服

务标准、激励机制等，规范大型仪器设备共享运行机制。其次，要建立开放共享管理机构，明确各部门职责及工作流程，制定大型仪器设备开放共享的规章制度。再次，要加强大型仪器设备信息公开，及时公示仪器设备使用情况、开放共享信息，实现开放共享信息的网络化管理。最后，要加大大型仪器设备共享管理制度的执行力度。高校应组织制定有关大型仪器设备管理与共享的规章制度与实施办法，加强对高校大型仪器设备开放共享工作的指导和监督。同时还要加大对违反制度现象的处罚力度，使制度真正落到实处。

（二）加强仪器设备的日常管理，提高运行效率

管理制度的健全是实施开放共享工作的前提和基础，一方面要建立健全规章制度，完善激励和约束机制，把仪器设备开放共享纳入实验室建设和管理的整体规划之中，制定详细的规章制度；另一方面要完善仪器设备管理队伍，通过制定激励机制，吸引更多的专业人才从事仪器设备的管理和使用。加强仪器设备日常管理，建立完善、规范、高效的管理体系。重点加强仪器设备计划、采购、验收、使用、维护等各个环节的监督控制和考核评价。同时，要积极探索建立仪器设备信息网络共享平台，实现仪器设备资源信息共享，提高工作效率。此外，还要加强对实验技术人员的培训，提高他们的业务水平和工作责任心。

五、结语

综上所述，为了加快高校的发展，需要建立科学的管理机制，实施合理有效的开放措施，提高大型设施的利用率，建立明确、开放、合理、有效的大型设施共享开放平台。在实践中，需要巩固经验，继续完善，使大型设施开放共享的机制和措施运行良好，逐步完善。

◎ **参考文献**

[1]陈子辉，王泽生．高校大型仪器设备开放和共享[J]．实验室研究与探索，2010（2）：4.

[2]熊梦辉，朱飞燕，夏琼，等．高校大型仪器设备共享管理模式及其管理机制探讨[J]．科技信息，2008(11)：2.

[3]曾宏．对高校大型仪器设备共享机制及其管理模式的探讨[J]．现代教育科学：高教研究，2006(6)：3.

多措并举，提高仪器设备共享中心管理效率

杨 雪 汤明亮 杨经宇

摘要：提高仪器设备共享中心管理效率、发挥仪器效用是共享要达到的目标。针对管理中存在的问题，通过统一认识增强岗位责任、找准关键环节、疏通制度梗阻、专门研究解决疑难、加强信息化管理、紧逼技术提高以及工作业绩激励等措施，在很大程度上改进了工作。

关键词：仪器设备；开放共享；高效运行；管理制度

共享仪器设备的高效运行是各级相关管理部门的追求目标之一，它可以发挥资产的最大效用。在现今经费资源有限、科研竞争激烈、项目时间紧张等诸多因素作用下，如果现有仪器运行不好，不能正常拿出检测结果，则会影响科研人员的实验进度和结果，出现"肠梗阻"，从而影响到一个个科研人员、一个个科研团队或单位的科研进展。因此，有经验有远见的院长们是很看重仪器设备的管理和使用的。但重视归重视，如何落到实处，又是一个复杂而艰巨的任务。这也是笔者所在单位多年来教职工代表大会上提得最多的问题，也是学院领导一直谋求想要解决的难点问题。

一、主要存在的问题

目前，大型仪器设备共享平台在全国各科研单位基本都建立起来，开放共享也取得较好成效，同时也存在一些普遍的问题。比如：大型仪器设备综合效益考核评价体系不够健全、运行管理人员激励机制不够、对外开放共享程度不高、设备维护保养资金不足、部分设备长期闲置等[1]。这些问题在我们单位一样存在，但同时还存在的问题主要有：仪器设备共享中心负责人对中心人员的管理不能发挥应有作用，甚至院分管领导出面还是没有有效解决教职工提出的问题；有少数技术人员的服务态度达不到要求，引起用户的不满；有

作者简介：杨雪，武汉大学生命科学学院仪器设备共享中心主任，六级职员，主要研究方向为学科与科技管理。

汤明亮，武汉大学生命科学学院仪器设备共享中心副主任，工程师，主要研究方向为光学显微镜技术及仪器设备管理。

杨经宇，杂交水稻全国重点实验室仪器设备共享中心，助理实验师，主要研究方向为仪器管理。

少数技术人员的技术水平本身不高又不负责任，引起用户的不满；有少数技术人员的岗位意识不强，纪律松懈，中心的工作面貌不好，带来极不良的影响；中心人员与学院分管领导或院办公室人员的协调不通畅，也影响了管理效率的发挥；仪器采购的调研不充分，导致采购来的仪器的先进性不够，等等。

二、解决问题的措施

针对上述种种问题，我们进行了详细分析。认为主要是管理机制、管理方法与措施不到位等引起的，因此，需要多措并举，提高共享中心管理水平，达到仪器高效运行的目标。

(一)统一思想认识，增强岗位责任

思想是行动的保证，革命时期如此，和平时期做工作也是一样。因此，共享中心需要开会进行思想教育与沟通。从国际形势到国内发展，从学校的发展到学院的发展，讲明讲透。每个人给自己做好定位，将学校学院目标与个人的理想与目标很好地结合与统一，将学校学院的要求与个人的发展与前途相结合与统一。同时，对技术人员的工作责任心提出很高要求。把"干一行爱一行""要么不做，要做就尽力做好"的道理讲明讲透，要求大家要全力做好平台仪器的日常维护管理，确保所辖仪器能高效运行。要有求必应，确保细心周到的服务，体现出很强的责任担当。

(二)了解中心状况，找准关键环节

首先，设计一份表格，让每人将自己负责仪器的名称、功能、目前使用仪器出的结果或数据或图片水平(与同行同仪器比)的自评(可以达到最优、中等、较差)、上一年运行机时数、使用中的难点与问题、维护中的难点与问题、平时需准备耗材名称、目前管理方式(或流程)等都填上，对共享中心管理的 58 台大型仪器进行逐一摸底调查。此举对中心管理状况有了基本了解。与此同时，逐一找中心人员进行谈话，了解他们的想法和他们认为存在的问题。通过这些工作，基本找到了共享中心存在问题的关键：管理机制问题、个别岗位服务质量与态度问题，等等。

(三)疏通制度梗阻，再造服务流程

通过对中心已建立的各项制度的了解与研读，发现以前制定的制度还是比较多的，需要改动的比较少，看来主要是执行层面出了问题。只有少量制度需要补充，比如，比较关键的，通过与学校财务部进行沟通，制定了《仪器设备共享中心校内服务流程》《仪器设备共享中心校内服务流程》《仪器设备共享中心校外服务流程》，通过对同位素实验室存在问题的梳理，及时重新制定了《同位素实验室管理细则(2021 年试行版)》《放射性同位素室实

验人员进出流程》，以及重新设计制作了同位素实验室的同位素出入库登记本、同位素实验申请登记本、同位素实验登记本、同位素实验废弃物处置登记本，同位素实验室辐射防护应急处理预案，等等。目前，为保障共享中心安全高效地运行，我们建立了非常系统完善的制度体系，该制度体系涉及了中心管理和运行的方方面面。而且我们针对各平台的特点建立了各平台的管理制度。

(四)针对疑难问题，专门研究解决

经过近3个月的工作熟悉、调研，发现了一些多年存在而一直解决不好的问题。如何一个个克服，是必须要考虑好的问题。比如，同位素室的管理，涉及人身安全，不能马虎。在督促相关责任人员效果不佳的情况下，中心主任对相关法律法规和相关知识进行学习和请教，很快了解了同位素室管理的一些要求。并亲自制订一些管理的制度和工作流程，配备好必要的检测器材，并从各个环节进行督促检查，很快便起到积极作用，工作大为改观。又比如，超纯水室由于研究生打水时总忘记关水龙头，导致贮水罐漫水时有发生，一旦从地上漫出造成"水灾"易导致安全隐患。几次让相关责任人员加强管理，但还是出现漫水事故。中心主任便召集相关人员进行专题研究，集思广益，一定要解决这个问题。后来从烧水壶水开时报警受到启发，让相关人员去找能在水管上安装的报警装置并与管理人员手机联动，贮水罐漫到与报警器探头相接触时就自动关掉水龙头，圆满解决了这一问题。也有一些小的维修，厂方路途遥远不能应急的情况下，与平时专业维修实验器材的工程师建立稳定的联系，以备不时之需，等等，积少成多，慢慢使中心的服务工作得到大为改观。

(五)加强信息化管理，提高工作效率

在当今信息化的时代，必须跟上信息化管理的脚步，不然很难与用户拉近距离。中心以全心全意服务用户为理念，紧跟信息化时代浪潮，经过不断探索和管理创新，目前中心在信息化和管理流程上有了全新的变革：

(1)中心所有设备均实现线上管理，设备信息浏览、设备应用信息、设备预约都可以在网上进行，并支持手机操作。

(2)中心建有专门的网站服务器，严格控制端口接入，确保网站平稳运行。服务器为专有服务器，在发生严重宕机故障时，可支持人工重启，确保稳定运行。

(3)中心建有专门的数据服务器，数据容量达到144T，可为所有仪器数据提供不低于半年的数据镜像备份，保障数据安全，同时支持内网线上数据下载，保证数据使用的最大便利。

(4)中心在仪器预约方面，设立了严格的分级权限，确保无论是正常上班时间、夜间或节假日，设备都可以正常刷卡使用。

(5)中心在计费管理方面，除了普通的按时计费和按样品计费模式，平台还开发了专

门的委托送样等特殊计费模式，确保所有收费全部实现电子计费。

（6）中心建立严格的培训制度，对实验操作者实行精细分级，在鼓励实验人员自行独立操作仪器的同时，随时提供专业技术支持。

（7）中心对实验过程和实验细节实现全面的电子化记录，对实验过程中的问题均可实现回溯和追踪。

（8）中心对实验操作人员进行双认证，任何仪器的操作人员必须要得到相关导师和设备管理员的双重确认后方能有资格操作仪器，确保仪器使用的规范和安全。

（9）中心仪器使用面向社会开放，支持外单位用户建立专有账户，正常预约和使用仪器。

（六）工作交流加压，紧逼技术提高

各平台技术人员对所辖仪器的操作技术要精通，这是最基本的要求，是发挥仪器最佳效能的重要条件之一，务必达到。同时，重视和加强对各平台仪器的用户技术培训工作。各平台技术人员对所在平台的新仪器动态要密切跟踪，必要时能对学院新仪器购置起到很好的参谋作用。为更好地相互学习借鉴和提高，中心经常组织各平台技术人员之间以 PPT 报告的形式进行技术交流探讨，借此增强工作的学术性，同时也逼迫技术人员在平时工作中要时时想到提高自己的技术水平，不然存在下次无可交流内容的窘迫情形。

（七）年度工作统计，工作绩效明了

一年下来，中心的每位成员取得的成绩如何？为了让工作成效有迹可循，中心要求技术人员平时注意收集一些自己的技术服务为用户的科技人才培养和成果产出等所做贡献的材料。在年终时，中心将这些材料分门别类予以统计汇总，展示工作业绩，相互促进。同时，笔者根据中心工作的特点，有针对性地设计了两份表格让大家来填写。一个是共享中心仪器使用与收支情况统计表（按仪器分别填写），一个是共享中心工作产出的相关科技成果统计表（按中心人员及服务的用户填写）。通过这两份表的填写，每个人一年的工作数据一目了然，比较充分地展示了中心每个成员的工作状况，并在一定程度上与绩效挂钩。同时，这也为下一年有针对性地改进工作提供了依据。

三、成效

经过近两年的努力，中心各方面工作有了很大进步。首先是中心人员的精神面貌有了根本改变，人人积极向上的氛围增加了；同时大家的服务态度与热情有了极大提高，工作责任心增强了；有这些作为基础，钻研技术、提质增效就成为了必然。初步统计，2021 年中心对学院重要 SCI 论文的 50 篇以上贡献了技术数据，这些论文发表在包括 *Nature*、*Nat Metab.*、*NSMB*、*NAR.*、*Advanced Science*、*Science Advances*、*Hepatology*、*Autophagy*、*Protein*

Cell、*J Clin Invest.*；*EMBO reports* 等重要国际期刊上；2022 年中心对学院重要 SCI 论文的 60 篇以上贡献了技术数据，这些论文发表在包括 *Nature*、*Nat Genet.*、*Cell Res.*、*Circulation*、*Advanced Science*、*Plant Cell. Nat Commun.*、*Hepatology*、*Cell Death Dis.*、*PNAS.* 等重要国际期刊上。这还不包括使用中心基础支撑平台的纯净水、超纯水等日常都需要的实验室基本保障设施。如果把这些都算上，学院几乎全部成果都与中心设施设备相关。基础支撑平台、生化与分子检测平台都是一些日常用的仪器，老师发表论文时较少有特定仪器的说明，所以统计出的论文较少，但实际上篇篇相关。有这些成绩作为基础，20多年来第一次没有在 2022 年的学院教职工代表大会上听到老师们关于共享中心的意见建议，而以前次次都是老师们"炮轰"的重点。当然，这并不是说共享中心员工的工作无懈可击，比如还存在人员不足、人员技术水平有待进一步提高、人员的培训工作有待进一步加强等问题，但它给了我们今后更进一步做好工作的必胜信心。

四、结语

提高仪器设备共享中心管理效率是一个永恒的课题，需要一代又一代人努力去做。在经费、人员等条件一定的条件下，如何尽最大努力把工作做到最好，把仪器设备的使用率提高，这是作为一个管理者所要追求的。目前大型科学仪器设备开放共享管理尚处于信息化初级阶段，未完全实现共享服务数字化管理[2]，我们要把它作为一种辅助手段用好，紧跟时代的脚步，但同时，我们要认识到人的因素在任何工作中都不能忽视，只有把运行机制与流程理顺了，让人员心情舒畅地、自觉地钻研并完成好工作，才能真正获得长久的效率。

◎ **参考文献**

[1] 郑建彬，赵明，宋秀庆，等. 高校大型仪器共享平台建设运行中的问题分析与对策研究[J]. 实验技术与管理，2021，38(2)：255-258.
[2] 柳丹，彭洋，丁梅，等. 湖北省大型科学仪器设备开放共享服务研究[J]. 科技创业月刊，2023，36(1)：36-38.

进口科教用品管理系统的实践与优化

梁偲偲

摘要：高等学校设备免税进口是设备管理的重要部分之一，它涉及多方参与，在复杂多变的国际国内贸易环境下，成为设备管理工作中的难点所在。本文结合进口科教用品管理的实践，介绍了管理系统的设计，在免税科教用品的全链条管理等方面，探讨了优化其管理系统的可行办法，极大地提高了工作效率，有效防范了进口风险。

关键词：进口免税；科教用品；系统设计

党的二十大首次提出将科技、教育、人才三位一体进行统筹部署，是一个创新，有其深义。科教兴国战略、人才强国战略、创新驱动发展战略都是党中央提出的需要长期坚持的国家重大战略，也都是事关现代化建设高质量发展的关键问题。高校是科技、教育、人才三者的重要结合点，现阶段高水平科技人才培养和科学研究离不开国际高端科技装备，对于国内不能生产或者无法满足的一些高精度、高性能的科教用品，需要通过进口购置。2022 年国家陆续出台"十四五"科技创新免税、专项再贷款资金购置大型仪器设备等一系列政策，免税政策为高校采购节省了大量的经费开支，同时这些政策法规对规范科教用品免税申请的管理和监管有明确的要求。进口管理流程环节复杂、业务主体较多，受国际贸易环境及国内外政策影响较大，因此存在一些风险与问题[1]。针对这些风险与问题，加强信息化管理是目前科教用品管理的有效途径之一。通过不断优化管理系统，规范从免税申请到后期档案管理工作的全链条管理，有利于在各管理环节数据的查询和共享，严控风险的发生，对于保障高校教学科研的顺利开展具有重要的现实意义。

一、进口科教用品管理中存在的风险与问题

由于科教用品进口流程复杂，涉及环节多，每个环节都可能存在潜在的风险点。在高校免税进口办理工作实践中，主要存在的风险有：汇率风险、资金风险、信用风险、运输验收风险等[2]。同时，高校进口管理全过程都存在管理被动、时间跨度长、沟通困难、档案资料繁杂难整理等问题[3][4]。

作者简介：梁偲偲，实验室与设备管理处，设备管理办公室职员。

二、信息化管理的实践与优化

(一) 全链条跟踪监管

进口科教用品管理系统实现了对进口科教用品的采购、免税、到货、验收全过程的跟踪监管，提供了用户方、管理方、代理方多方的信息交流平台，提供各方便捷的沟通渠道，实时掌握项目信息，如图 1 所示，实现了全链条监管，极大提高了工作效率，有效防范了风险。

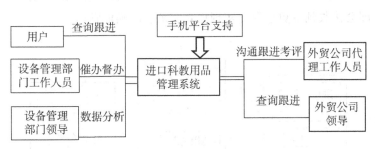

图 1　多方交流平台

根据外贸项目的付款方式，系统设定了货前付款、货后付款以及信用证付款三种流程。系统可实现对代理公司业务办理进度过程跟踪，包括委托代理协议、外贸合同、购汇、确认付款、信用证、办理免税、清关提货、资料收集、货到验收等每个环节，以流程图展现，设备管理部门、订货单位、外贸代理公司均可在线实时跟踪查看项目进度，如图 2 所示。项目执行的每个文档系统均可自动收集、归档、保存，并支持一键导出，保证文档的实时性、完整性，方便查阅。

图 2　项目流程进度

系统设计了从用户支付到外贸公司、境外供货商的资金闭环流程，建立设备资金与货物全方位监管机制，有效控制资金风险、信用风险。系统还可自动调取中国银行发布的当天汇率，提供不同币种的转换，便于结算和数据统计。系统在各个环节设置了完成时限，结合黄灯、红灯提醒，督促外贸公司尽快完成流程，并对外贸公司的逾期预警进行记录，综合实现对外贸公司的业绩考核，并加入了短信提醒功能，在项目办理中督办、催办，提高办事效能。

（二）与固定资产管理系统对接

固定资产管理信息系统与进口科教用品管理系统的数据库实现全方位对接工作，如图3所示。对于建账进度、保存地点、使用情况等几十条关于进口科教用品的相关信息实现双向抓取，信息互联互通，进一步提高了后续管理工作的工作效率。例如，在建账进度这个方面，以货后付款为例，在进口科教用品管理系统登记后，流程需要走完清关提货这一步骤，才能在设备管理系统中抓取设备信息，完成建账工作，实现两个系统的流程对接，双向审核，弥补系统设备信息编号查询难的遗留问题；在系统中增加位置存放功能，可即时监控进口科教用品是否发生位置变更，监控其是否脱离授权使用区域，一旦出现位置移动，管理者立即会接收到变更信息，实现更真实地、准确地管理。

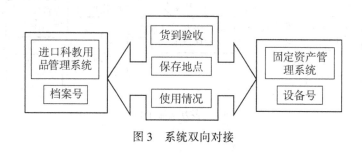

图3　系统双向对接

（三）大额资金监管

针对合同总价大于100万元人民币的支付业务采用资金监管的方法，就资金风险防控问题采用《外贸代理货款支付监管协议》，对大额科教用品进口的资金加强了监管。外贸公司开立专用监管账户，监管账户仅通过柜面渠道办理业务，除约定的相关业务以外，外贸公司不得以其他任何方式处置账户内资金。进入监管账户的学校资金，要求在5个工作日内注入信用证项下的保证金账户，通过预留学校设备处老师印章，监管资金流向。学校付款后，银行将做信用证修改，原路退回外贸公司开信用证所用资金，将信用证锁定到学校货款下。学校及银行对每笔业务按约定的支付方式及内容、预留印鉴进行形式审查，符合条件才能付款。针对每一单利用信息化系统记录用章时间，保留划拨通知书、信用证、结算通知书、购汇水单等凭证在系统中永久存档，将付款的每一步监管到位，保证了学校购货付款的安全性、可靠性、时效性，将资金风险降到最低。

三、结束语

科教兴国战略、人才强国战略、创新驱动发展战略是党中央提出的需要长期坚持的国家重大战略,是现代化建设和高质量发展的关键核心。近年来,随着国家对高等教育投入的不断加大,国内高校教学和科研能力向国际水平迈进,进口科教用品已成为提高我国科研水平、发展科技创新能力不可缺少的有力保障[5][6][7][8]。高校进口需求的不断增加,也要求高校要准确理解和充分利用国家免税政策,不断提升进口设备免税办理效率,充分发挥对学科建设、高水平人才培养和科学研究的条件保障作用。优化信息化系统能推动高校进口科教设备采购工作顺利开展,促进高校科教事业的发展。

◎ 参考文献

[1] 丁云彪. 科技创新减免税政策执行中存在的问题及改进建议[J]. 中国市场,2022(35):45-47.

[2] 段阿曼,赵灵君,倪伟. 高校进口科研设备采购全过程风险管理探析[J]. 中国招标,2022(11):103-104.

[3] 陈剑波,李辉. 高校免税进口设备采购面临的问题及对策研究[J]. 中国现代教育装备,2022(19):33-35.

[4] 李斌雄,侯成润. 新时代派驻监督工作制度建设的标志性成果——《纪检监察机关派驻机构工作规则》解读[J]. 廉政瞭望,2022(18):46-47.

[5] 李斌雄,赵靓靓. 中国共产党纪律检查机关职责演变的历史进程、基本特征和经验启示[J]. 廉政文化研究,2022,13(5):22-30,2.

[6] 李政,王子美,张亚宁. 波动溢出网络视角下全球主要货币汇率风险传染研究[J]. 财经理论与实践,2022,43(4):2-9.

[7] 陈婕,王艳青,李青. 高校进口科教仪器设备减免税办理工作探究[J]. 中国现代教育装备,2022(9):37-39.

[8] 叶金育,润晟泽. 增值税免税规范的类型化构建——以免税制度政策化为切入点[J]. 税务与经济,2022(3):42-49.

高校仪器设备共享平台用户管理的探讨

吴卫兵　汤明亮

摘要：高校仪器设备共享平台是高校科研工作和人才培养的核心支撑条件，其管理水平直接影响到高校整体科研水平和科研效率。作为面向科研人员的平台，其管理中的核心一环就是针对用户的管理，本文分析了目前高校仪器设备共享平台用户管理的特点、难点，通过结合本单位实践提出了相应的管理策略。

关键词：仪器设备；共享平台；用户管理

当前，随着国家科研投入和科研力量的大力加强，高校各种类型的高精尖设备和大型设备不断增加，经过多年来的探索和发展，对于共享需求高的设备，通过仪器设备共享平台进行集中管理和专人专管是保证服务效率和服务水平的最佳办法[1][2][3]。在仪器设备共享平台的管理中，其中平台的用户管理是非常关键的一环，任何仪器只有在用户的明确应用需求和正确操作下才可能实现有意义的数据产出，才有可能发生后续的成果转化。因此，用户管理是仪器设备共享平台高效运行的关键保障[4]。本文将针对仪器设备共享平台用户管理的特点、难点及应对策略进行探讨。

一、仪器设备共享平台用户管理的特点

本文所探讨的仪器设备共享平台的用户(后文简称平台用户)是指平台的直接用户，即仪器的实际使用人和操作者，因篇幅所限，其他的账户用户、管理用户等就不在此讨论。

平台用户管理的特点其实很大程度上是由平台用户的特点所决定的，本文从平台用户的受教育程度、主动性、配合度和纪律性来探讨平台用户管理的特点。

平台用户就其受教育程度来说，一般都是在本科以上，以硕士研究生和博士研究生为主，也包含少量具有中高级职称的教师或科研人员。因此，平台用户是属于典型的高学历群体，自身具备很高的基础素质，并接受过相当程度的各类操作技能训练。平台用户的这个特点为平台的管理带来了很大的优势。首先，因为用户具备一定的知识储备，设备的各类相关培训非常容易开展；其次，绝大仪器原版说明书是英文，而平台用户绝大多数具备阅读英文文献的能力，便于他们直接获得第一手的仪器数据。另外，平台用户对仪器使用

作者简介：吴卫兵，武汉大学实验室与设备管理处职员。

有更高的需求，不是简单的仪器操作，而是包括针对性的样品制备、仪器操作、实验设计和结果分析的全流程的实验需求。这种平台用户的需求特点也对平台管理水平和平台管理人员的技术水平提出了更高的要求。

平台用户因为其受教育程度高，所以在主动性和配合度上都会非常好，对于平台仪器的参数、性能、应用会有比较强的主动性去了解，在此基础上也会非常主动配合参加相关仪器的各类讲座、培训（尤其是应用类培训），对于仪器使用的过程中出现的各类问题也容易配合管理人员协同解决。因此，只要平台仪器的管理人员具备相当的技术水平和一定的管理能力，平台仪器和用户之间是完全能够实现完美衔接的。

最后，就平台用户的纪律性来说，这方面其实与学力并不呈正相关，平台用户不论是违纪行为的数量还是比例都不算低。产生这种现象的原因笔者觉得有以下几点：第一是平台用户大多从事具有探索性的研究类工作，他们思想活跃，更倾向于排开各种制度性约束；第二是平台仪器种类繁多，每台仪器的应用也比较复杂，这容易导致技术上的非法操作，导致技术违纪；第三就是较多平台用户承担较大的科研压力，不管是时间上还是工作量上都接近超负荷的状态，心态上会偏急躁，这种心态也非常容易导致各种类型的违纪行为。

总的来说，平台用户以硕士以上学历的高知用户为主，学习能力很强，非常乐意接受各类新设备和新技术，但在纪律性方面与学力并不呈正相关。

二、仪器设备共享平台用户管理的难点及策略

基于以上平台用户的特点，平台用户管理的难点主要集中于两点：第一是技术服务难，尤其是点对点的技术服务；第二是平台用户的行为管理难。

技术服务难最大的原因还是近年各类型仪器的数量和种类都增长较快，而管理人员的配置严重不足，在这种情况下要实现点对点的技术服务就更加困难了[5][6]。其次管理人员的配备是按照原有的设备来安排的，大量的新设备在管理和使用上都存在很大的不同，需要管理人员不断学习和适应，这些其实都需要时间和磨合，这也会导致服务能力和服务质量的降低[7][8]。

针对管理人员的配置严重不足的情况，我校在平台用户管理上采取的第一个策略是大量增加用户培训，包括基础培训和针对性应用的培训。通过大量的基础培训，拉高平台用户的基础水平，在绝大多数的仪器的基本应用中，根本就无需管理人员点对点直接参与；对于那些使用要求较高的仪器，可以定期或不定期开展针对性的应用培训，让平台用户至少能对相应的仪器应用有足够的了解，在实际使用中只需要少量指导甚至能够自行独立操作。第二个策略是对平台用户进行分级管理，针对不同类型的仪器，我校会选取1~2名基础扎实、熟悉仪器的平台用户作为助理管理员，由他们去解决普通平台用户一部分日常使用过程中的问题，确保基础服务的时效性。当然，对于助理管理员所额外耗费的时间和精力，我校会通过管理员绩效和预约特许给予适当激励，维持他们的工作积极性。对于助

理管理员之外的普通平台用户，我校原来为了方便管理，曾经分为高级用户、资深用户等，但在实际操作的过程中，过多用户级别的设置反而容易导致平台用户的不公平感，引起平台用户间很多不必要的矛盾，大大增加了管理压力。因此，对于绝大部分的普通平台用户，我校倾向采取扁平化的管理，不设置额外的用户层级，确保稳定性和效率。第三个策略是针对平台用户实验需求进行点对点的服务，通过大量的培训和设置助理管理员，完全可以满足平台用户基础性的仪器使用需求，这样就将仪器管理员的大部分的灵活时间保留下来，这些保留下来的灵活时间可以针对性地投入指导各类仪器的高端应用和复杂应用中，可以大大提高平台的服务水平。

平台用户管理的第二个难点就是平台用户的行为管理难。造成这个问题的第一个原因是平台用户在预约和使用仪器的时候，实际上是既有技术约束，也有管理约束的，需要注意的细节比较多，很多平台用户在实验压力下经常容易忽略[9]。技术约束是要求平台用户在使用特定仪器前，需要明确地知道该仪器的各项功能，在这台仪器上什么能够做，什么不能做，还有很重要的一点就是明确自己有没有在该仪器做相关操作的权限。而管理约束主要是体现在预约规则和平台环境的维护，比如最基本的预约守约、在仪器房间内不可饮食，不可随意带危险品进入、进入控尘区域需要换鞋等。

就技术约束的策略而言，技术培训是必不可少的，一方面不但要通过高频次的技术培训，让用户充分了解仪器的各项功能，还要更多针对性的指导，让用户明确了解仪器应用的上下限在哪里，哪些方面是可以尝试的，哪些方面是不能乱试的。另一方面，对平台用户需要严格管理权限。因为各类仪器（尤其是大型仪器）使用的复杂性，平台用户即使经过培训，也只会获得一定程度的使用权限，当超越权限时需要联系管理员进行指导或批准，避免发生技术事故。

就管理约束的策略而言，一方面要平台自身建立完善的管理制度，并提供各种渠道让用户能够充分了解相关制度；另一方面，也是更重要的，就是让制度对平台用户能够起到真正的约束作用。我校采用的方式是建立一套信用积分体系，任何一个平台用户在平台上发生任何一个预约和仪器使用行为都会被纳入体系，积分体系设置有严格的涨分规则和扣分规则，当平台用户的信用积分低于一定阈值时，其仪器预约和使用权限将会受到相应限制。为了确保这个信用体系能够真正运转起来，有两点非常重要：第一是要严格监督用户身份并实名认证，必须严格遵守谁预约谁使用，谁使用谁担责的基本原则，对冒用和代用身份的行为坚持零容忍并顶格处罚。这一条是信用体系的基本前提，确保相关行为可追溯。在执行的时候要严格监督实名预约和仪器使用前后的实名登记，并建立完善的监控系统，切实做到用户的行为在各个节点都能追溯。第二就是要定期将平台用户的行为和信用状态对用户的直接主管人（如学生导师）进行汇报，对失信行为和违规行为实时向直接主管人发送通知。平台本身只能对用户在平台的行为加以管理，而用户的直接主管人（如学生导师）是可以对相应平台用户（如学生）的日常行为做更严格和更全面的约束，起到更显著的管理效果。

平台用户的行为管理难的第二个原因是处罚标准很难定，很难实现真正意义上的"照价赔偿"。平台上的大型设备和高端设备非常多，一旦其发生意外损坏，其维修或置换的成本都是非常高的，对于一个普通的用户(尤其是学生)而言是完全无法承受的，这也就意味着处罚只能是象征性的。另外，平台上的设备使用周期一般是比较长的，在使用周期内会发生自然损耗，这种自然损耗导致的"损坏"和人为造成的损坏很多时候也是难以界定的，如果以损坏刚好发生的使用人作为赔偿人是很不公平的。

管理如果没有对应的处罚，其执行的效果会大打折扣，这也就导致了很多管理的制度落实起来比较难，平台用户在一些风险性比较高的操作中，意识不到后果的真正严重性，没有足够的警惕性去严格遵守规定。因此，针对平台用户的管理，原则上还是重管轻罚，多预防，尽量在源头将各种问题消除。

近年，随着高校各级设备共享平台的快速发展，各类高端设备被大量引入，对平台的技术服务水平提出了更高的要求，而同时也对平台的管理水平提出了更高的要求，希望本文能够对设备共享平台用户管理方面提供一些有益的参考，对高校设备共享平台的管理思路有所帮助。

◎ 参考文献

[1]刘家龙，杨继进．大型仪器全面管理策略[J]．实验室研究与探索，2020，39(5)：273-279．

[2]赵玉茹，冯建跃．提高高校大型仪器设备利用率的策略探析[J]．实验室研究与探索，2019，38(6)：120-124．

[3]郭毅，张滢滢，沈烈．开放式大型仪器平台管理探索与实践[J]．分析测试技术与仪器，2021，27(1)：56-60．

[4]王朝晖，普丽娜，陈琪，等．试探大型科研仪器协同管理与开放共享的完善机制[J]．中国科技资源导刊，2020，52(3)：31-36．

[5]童华，郭平，吴雁，等．高校大型仪器设备开放共享管理的实践与思考[J]．实验技术与管理，2020，37(11)：20-24．

[6]潘春清，高红秀，樊东，等．高校大型仪器设备管理与维护的探索[J]．教育现代化，2020，38：101-104．

[7]赵小亚，梁璐，钱丹，等．高校大型精密仪器设备开放共享的探索[J]．广东化工，2020，15：194-195．

[8]宋轶鸿．高校大型仪器设备共享平台建设问题探讨[J]．技术与市场，2020，27(1)：149-151．

[9]潘越，农春仕．浅析高校大型仪器共享平台建设中的问题及思考[J]．实验技术与管理，2020，37(3)：259-261．

基于全生命周期管理的高等院校
大型仪器设备管理探析

邱 风

摘要：大型仪器设备是高校人才培养、科学研究和社会服务的重要条件保障。本文通过借鉴全生命周期管理理论，将大型仪器设备重点管理环节划分为规划阶段、采购阶段、使用阶段、报废阶段四个阶段，分析高等院校大型仪器设备管理环节各阶段存在的问题，并针对性地提出提升高校大型仪器设备使用率的建议，为科学管理大型仪器设备提供参考。

关键词：高等院校；大型仪器设备；全生命周期管理

一、引言

大型仪器设备管理工作，作为高等院校科研水平和技术创新高低的重要衡量标准之一，在高等院校的科学研究中有着不可替代的作用[1][2]。近年来我国对教育事业愈发重视，其投入和支持不断扩增，使得我国高校在办学规划及新设备购置中取得显著成长，但这也对高校大型仪器设备的管理工作提出了新的挑战。因其投入成本高、专业性强、运行环境要求严等特点，在日常维护与管理使用过程中区别于普通仪器设备，管理更具针对性。结合武汉大学大型仪器设备日常使用管理和绩效考核工作结果，发现我校大型仪器设备在使用管理的诸多环节中仍存在不少问题，导致大型仪器设备使用效率不够理想。由此可见，如何管好、用好大型仪器设备，充分发挥大型仪器设备的作用，为教学和科研工作服务，是摆在高校设备管理部门的一项重要任务。

本文通过借鉴全生命周期管理理论[3][4]，为提升高校大型仪器设备使用率提供了一些建议。

二、高校大型仪器全生命周期管理

高校大型仪器全生命周期管理是以产品生命周期为理论基础，将其概念、内涵进一步

作者简介：邱风，硕士，职员，从事设备管理工作。

延伸与应用，对大型仪器设备管理全生命周期内包含的购置计划、论证、采购、验收、使用与维护、效益考核、调配、报废等各个环节及工作流程进行统一梳理。根据其各阶段特点，以各阶段流程为主线，以效益特点为区分基本将管理期划分为四个阶段，分别为：规划阶段（购置计划、购置可行性论证）、采购阶段（采购管理、验收与资产入库管理）、使用阶段（使用管理、绩效考核、设备维护与保养管理、设备调配使用管理）以及报废阶段（报废及处置管理），见图1。旨在对大型设备的全部相关的管理过程进行统一的协调和形成不同阶段的全过程管理。

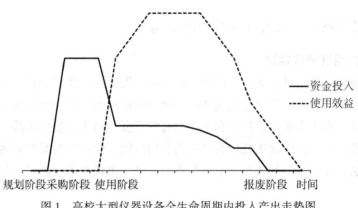

图1　高校大型仪器设备全生命周期内投入产出走势图

三、高校大型仪器设备管理存在的主要问题

（一）规划阶段——源头把控不足

目前许多高校现行论证制度采用的是分级论证制，100万元及以下的大型仪器设备论证工作由院系与实验室自行组织完成，具有较大的自主权。绝大多数情况下，高校大型仪器设备的购置是由使用部门或申请人通过不同渠道获得经费购置，自我意识较强，国有资产概念不足。在其进入论证环节后，专家小组的评审往往侧重于院系、课题组的需求，难以站在学校整体层面思考问题，因此论证工作容易流于形式，更难谈充分，设备使用低效或闲置问题无法避免[5]。

（二）采购阶段——采购验收不完备

1. 评标参数设定不全面

当前高校在制定设备采购计划时，主要遵循低价中标原则，设备价格和技术指标是影响投标结果的最大因素，缺乏从产品的可靠性和可持续性方面的考量，对设备安装环境改造、升级加配和运行维护成本、使用能耗等方面思考不足，导致部分采购设备后期使用难以为继，从而影响设备的使用效率。

2. 验收环节执行不到位

验收工作为设备尽早投入使用提供质量方面把关。大型仪器设备往往具有建设周期长的特点，特别是进口仪器设备则更需要根据国家相关政策执行，所需周期更长。如果采购执行不及时或未充分考虑后期管理环节，将为资产管理部门带来极大的验收执行压力，因而造成部分大型仪器设备刚到货或未能充分有效启用时，就催促资产管理部门办理验收手续。而资产管理部门受于执行压力，由于各种原因搁置的设备，抢期办结，将验收变成结款程序，失去了验收原本监管意义，不利于发现仪器设备在未来使用过程中存在的隐患，从而限制了设备使用率。

（三）使用阶段——运行保障能力待提高

1. 维护维修管理经费紧缺

为保障大型仪器设备日常运行，部分高校建立了维护经费管理制度，并设立了专项资金，但在实际执行过程中，维修专项经费每年度均存在较大缺口，部分大型仪器设备缺少项目资金的支持，在未来运行过程中存在着没有配套资金用于维修的风险。设备使用人或单位往往优先考虑设备正常使用耗损而产生的费用问题，经费少时采取有限度使用设备是必然的应对方法，而设备的开放与共享更是难上加难，出现大型仪器设备使用率偏低或闲置不足为奇。

2. 实验人员队伍建设不足

实验技术人员是大型仪器设备的一线管理者，高水平实验技术队伍是提高大型仪器设备使用效益的基础保障。然而部分高校没有把这支队伍看作教学与科研工作中不可或缺的重要组成部分，并且缺乏必要的激励措施，导致实验与设备管理技术队伍建设远远落后于教师队伍建设，造成队伍老化、技术水平差、人才流失严重、专管人员更换频繁等现象，这也是限制大型仪器设备使用率提高的重要原因[6]。

（四）报废阶段——报废处置不及时

部分高校在设备报废处置的环节中，存在着流程繁复、审批与处置周期过长的问题。在满足设备报废条件时，使用人需要逐级申请，经历使用单位、管理部门、国资委或是校长办公会的审批。过多的线下流程导致使用人非必要时不会主动提交报废申请。同时，部分设备在完成相关程序审批后，资产管理部门对拟定处置资产需要经过较长的周期完成准备工作，从而导致设备资产处置的不及时，一定程度上占用了学校有限的空间资源[7]。

四、提升高校大型仪器设备使用率的建议

（一）规划阶段——充分论证，完善需求

1. 建立购置论证工作责任制

设备购置申请人需对提供的依据是否真实、所要求购置的设备资产是否符合高校的总

体规划、要求购置的设备资产是否具有必要性、要求购置的设备资产预算编制是否科学等内容进行负责。若申购的设备在未来投入使用过程中效益产出、实用性、功能性等方面出现不足，资产管理部门有权对其后期新增设备采购项目进行限制。

2. 完善购置论证需求

在购置论证中可增加财务预算等方面内容，如所需购置的设备资产金额是否合理、周期运行与维护费用是否列入计划等。通过这些硬性指标的约束，加强对设备资产购置的全面把握。

(二)采购阶段——合理采购，严格验收

1. 丰富评标参数设计

从成本管理角度看，高校大型仪器设备的收益主要体现在科研项目数、社会服务项目数、获奖情况、发明专利和论文情况等，经济收益有限。因此要充分考虑规划、论证、采购、安装、升级改造、报废处置等一系列成本，最终进行综合评价，即：大型仪器设备全生命周期成本=项目构建周期成本+采购成本+安装成本+运行使用成本+升级改造成本+报废处置成本。不仅要求设备价格低、质量好，而且要求供货商具备良好的售后服务能力，并能提供准确的使用周期费用预测，切实保障设备后期运维能力。

2. 严控验收质量关

设备采购前，采购部门应与财务部门充分沟通，根据学校预算结算周期，结合项目建设周期，运载周期等，实施科学管理，进行分类采购。同时采购部门应注重供货商履约执行能力，协同资产管理部门进行监督，确保采购项目如期完成，采购设备如期到货安装。

设备到货后，使用单位可联同资产管理部门，以采购合同为依据，检查外观并逐一清点货物型号、规格等。在供货商完成设备安装调试和人员培训工作后，使用单位必须对主要技术性能指标逐一进行实测，在条件满足情况下还应对设备极限指标进行测试，确保设备各项性能指标符合合同要求。对未能如期完成验收的设备，使用单位需做好评估工作，对验收进度做到心中有数。

(三)使用阶段——加强保障，提升效益

1. 强化大型仪器设备技术人员保障

(1)加强实验技术人员固本纳新管理工作。深化人事制度改变，需要人事部门深入了解一线管理实际，进一步明晰其岗位职责和要求，合理制定考核管理办法，科学计算队伍规模，展开多渠道如国外引进、从企业发展等有规划地引进不同层次的优秀人才，特别优秀的可适当放宽其学历要求。

(2)关注人才成长发展环境。需要人事部门及相关管理单位，帮助实验技术人员做好职业规划，进一步拓宽晋升渠道，科学制定人员考核办法，合理计算工作业绩，确保考核工作的全面性、客观性，并将考核结果作为职称评定时重要指标之一。

2. 确保大型仪器设备运行维护经费保障

定期保养和维护是延长设备寿命和维系设备性能主要手段之一。高等院校不仅需要重视大型仪器设备建设任务，也要保障学校各级单位间大型仪器设备的稳定运行。高校可在校内外充分调研基础上采取专家论证结合历史维修经费使用评估等方式，计算现行保障经费缺口后，根据校级财力与预算情况合理的增加校级投入，管理部门应确保经费使用得当，以鼓励校内大型仪器设备管理、使用成效高的机组，用于设备配套升级与保养、维修。

（四）报废阶段——简化流程，提高效率

（1）申报手续材料依托办公系统在线上实行预审核管理制度，管理部门应对提交材料如基础信息核对、报废条件审核、专家评审结果、院部证明材料等做到事前预审。

（2）各项审批程序分设办理时间节点，管理部门间应设置承诺办结时间节点，以便使用人或部门更加明确申报流程所需花费的时间成本。

（3）制定年度大型仪器预报废申报制度，由资产管理部门发出通知要求各院部对次年度满足报废条件且需要报废的大型仪器设备进行集中申报，资产管理部门进行统一收集信息，拟定下一年度处置工作计划。

五、总结

目前高等院校的大型仪器设备资产规模不断扩大，构成日趋复杂，针对其使用和管理研究意义逐渐增强。现阶段大型仪器设备管理得到了高等院校间广泛认可与重视，并且在实践中总结出了比较成熟的经验和方法，但仍存在不足。本文借鉴全生命周期理论，针对各管理阶段存在的问题提出优化建议，为高校大型仪器设备管理工作提供一定的参考。

◎ **参考文献**

[1] 刘彦强，王益民，阎冰，等. 高校大型仪器设备管理与使用状况调研分析 [J]. 中国现代教育装备，2016（3）：1-3.

[2] 刘朋，陈洪霞. 高校大型仪器设备使用现状分析及管理对策 [J]. 广州化工，2016，44（13）：212-214.

[3] 李霞，赖芸. 仪器设备全生命周期管理机制探讨 [J]. 实验室研究与探索，2013，32（8）：458-460.

[4] 赖芸，何征，肖沙，等. 全生命周期管理模式下的高校贵重设备管理 [J]. 实验室研究与探索，2015，34（8）：269-271，274.

[5] 张炜，刘雁红，胡煜，等. 高校大型仪器管理存在的问题及对策研究 [J]. 实验室科

学，2009(2)：169-171.

[6]袁艺青，蒋兴浩，李霞.高校实验技术队伍发展现状研究[J].实验室研究与探索，2021，40(3)：264-267.

[7]刘文红.对高校仪器设备报废管理问题的思考[J].经贸实践，2018(9)：240.

高校仪器设备全生命周期管理信息化建设实践与思考

张　华

摘要：随着高校的快速发展，仪器设备在高校资产中的数量占比越来越大，管理越来越规范，精细化管理要求越来越高。本文探讨了高校仪器设备管理过程中存在的问题，随后以武汉大学为例，提出了通过优化设备管理流程、连接信息孤岛、共享大型仪器设备数据、多维度仪器设备资产统计分析等解决方案，提高了仪器设备相关数据收集的准确性、及时性、有效性和可用性，促进了仪器设备资产管理水平的提高。

关键词：高校；仪器设备；信息化建设；实践；思考

仪器设备是高校资产管理工作中的主要组成部分，是开展教学和科研活动的重要物质支撑。随着高校的快速发展，仪器设备在高校资产中的数量占比越来越大、性能水平不断提高、结构种类日益多元，推动高校国有资产管理信息化建设，进一步提高国有资产利用的效率，实现财政部门要求的"保障履职、配置科学、使用有效、处置规范、监督到位"目标，是高校资产管理的重要的工作，也是进行国有资产管理的有效支撑[1][2]。借鉴并运用全生命周期管理理论，依托信息化技术手段，构建切合高校实际的仪器设备全生命周期信息化管理体系，对于提高仪器设备管理工作时效性、资源利用率、服务精准性和决策科学性具有重要意义[3]。

一、设备管理中遇到的难题

(一)仪器设备数量大，使用范围广，管理难度高

以武汉大学为例，2016年末仪器设备有22万余台，价值超过32亿元，到2022年末有26万余台，价值超过54亿元，近6年来每年新增仪器设备2万台(套)左右，仪器设备数量和价值都有了显著的提高。仪器设备使用单位涉及部门多，使用管理人员多，设备的

作者简介：张华，武汉大学实验室与设备管理处设备管理办公室副主任。

采购、验收、调配使用、设备清查、报废等管理工作更加复杂，提高管理效率迫在眉睫。

（二）服务师生要求高，设备管理规范程度更加严格。

随着作风建设不断推进，优化设备管理流程，提高设备管理工作效率的要求更加迫切，这些与设备建账验收手续多，录入信息量大，设备信息错误修改手续复杂等相矛盾，必须提高信息化手段，不断优化设备管理流程，将设备管理业务改为线上办理成为提升设备管理水平的现实需要。

（三）仪器设备管理要求严，精细化管理程度更高，数据收集、使用效率低

随着国家对高校仪器设备的管理的精细化程序的提高，每年设备常规统计报表有 17 类 53 张，临时数据统计数量也在不断增加中。在人工重复操作较多或信息化程度不高的情况下，仪器设备数据收集的准确性、及时性、有效性和可用性都较差，较多的人工操作容易产生高出错率。同时，数据收集入口不统一，出口不唯一也会产生数据不一致的情况。仪器设备的信息孤岛使数据传递性较差，不能得到充分利用，无法为管理工作提供依据。

（四）仪器设备开放共享程度低

在仪器设备开放共享方面，经常会接到教师、学生咨询使用仪器设备信息的电话，早期的解决办法是人工查询符合需求的设备信息反馈给师生，这样的处理方式效率较低。为了提高仪器设备开放共享程度，需要实时收集有共享能力的设备信息，并将其发布到网络上，使师生、甚至校外人员都可以查询设备信息并咨询使用，最大限度地提高仪器设备的使用效率。

二、仪器设备管理信息化实践

为了解决仪器设备管理过程中遇到的各类难题，提高设备管理水平，提升管理服务能力，武汉大学按照全生命周期的设备管理理念，以服务师生为根本，以优化流程为抓手，不断提高信息化管理水平，进行了多角度、全方位的信息化实践，为仪器设备管理水平的提高打下基础。

（一）优化设备建账流程，增加移动端设备管理业务

根据教育部及学校机关党委要求，对师生反映最大、需求最多的设备建账验收业务流程进行优化，实现了让"让数据多跑路，师生少跑腿"的总目标。

（1）在学校全范围内分散部署 8 台设备管理自助服务终端，为师生提供设备验收单、设备标签打印，设备标签补打功能，师生可以就近在设备自助服务终端上自行办理业务，

改变了之前设备建账验收高峰期等候排队等现象。2022年设备管理自助终端共打印各类验收单8989份，打印设备标签15342张，占全部验收单的93.65%，全部设备编号97.43%。

（2）在学校信息门户"办事大厅"模块提供设备验收单补打申请和错误验收单撤销申请流程，师生仅提供待办理业务的设备的编号、保管人等简短信息，即可完成相关业务申请。改变了之前提供纸质材料时签字盖章的繁琐。

（3）提供发票信息自动识别功能及设备信息自动匹配功能。系统优化后，系统提供了利用手机扫描二维码上传各类图片的功能，系统可通过识别发票图片获取设备购置发票的发票号、设备名称、型号、规格、价格、数量、销售单位等信息辅助用户录入设备信息；能够自动匹配师生客户的单位信息；自动匹配设备资产的分类信息等。系统升级后，设备信息录入字段从2020年时57个字段，到升级后只需选填8个字段，信息录入量降低85.96%，减少了师生用户填写信息设备信息占用时间，提高了工作效率。

（4）增加通过移动端进行设备管理相关业务。为了方便师生对设备管理业务管理，依托武汉大学"智慧珞珈"之"设备管理"模块，用户可以通过手机进行设备建账验收、设备信息查询、设备报账进度查询、设备保管人确认、设备清查等设备管理相关业务。2022年全年共接收手机移动端建账信息1354条，设备清查信息13万余条，占全部清查信息的50%。

（5）升级设备清查功能模块，提高设备清查效率，完善设备管理信息。随着设备管理规范化程度的进一步提高，学校每年都会在全校范围内对所有设备进行一次清查，摸清资产底数，掌握设备使用管理情况。针对全校25万余台/套设备的清查，升级后的系统提供了个人确认自己名下设备、院部管理员盘点单位设备、国资委委派第三方资产公司抽查的形式辅助完成设备清查任务。同时，通过设备清查，核对、修改、完善设备保管人信息、设备单位信息、设备存放地址信息、设备使用状态信息等，为精细化设备管理提供强大支撑。

（二）多部门协调，连接信息孤岛

仪器设备全生命周期管理，包含设备采购、验收建账、使用管理、处理下账等环节，需要建立包括仪器设备采论证、进口免税设备采购、大型仪器设备商务验收、技术验收、设备验收建账、设备报账、设备使用管理、设备清查、设备维修、设备开放共享、设备处置等完整信息链路，在此过程中，需要获取的设备信息涉及采购部门、设备管理部门、财务部门、国有资产管理部门、使用管理部门、房屋管理部门等单位。为了获取完整的仪器设备全生命周期管理信息，我单位积极协调各部门，将各系统必要数据充分共享，连接了设备信息相关的采购信息、国有资产分类信息、设备信息、财务信息、使用单位信息、设备存放地址信息等信息孤岛。比如，升级后设备管理系统里增加了"设备报销"模块，通过此模块，实现了设备系统与财务系统对接，设备管理系统可以将设备信息推送到财务系统，当财务系统完成了设备报销后，会将设备的报账信息推回到设备系统，设备系统收到消息后完成设备对账状态改变，设备使用人、保管人均能看到设备的报账信息。通过连接信息孤岛，实现了因为减少数据的重复录入而提高了用户信息录入效率，提升用户使用管理系统的用户体验。

（三）数据公开，促进仪器设备共享

随着信息技术的快速发展，各类网络门户平台的兴起，人们越来越习惯于通过网络查询资源。仪器设备管理中，我们通过建立"大型仪器设备管理平台"促进大型仪器设备共享，系统提供快捷查询功能，可以通过仪器名称、仪器型号、生产厂家、生产国家、购置年份等信息查询设备，在设备详细信息页面可以查看放置地点、联系电话、功能特色、型号、规格、图片等信息。该系统数据来源于设备完成建账和日常管理的设备管理信息系统，数据准确、更新及时。根据 2022 年全处访问统计，系统服务校内师生 6000 余人次，服务非校内人员 1000 余人次。该系统除了提供大型仪器设备使用预约外，还提供了机时统计、测试费结算等，极大地提高了现有仪器设备的使用机时，无论是开放仪器给师生使用的机组人员，还是申请使用仪器的师生，都有较高的参与积极性。

（四）多维度仪器设备资产统计分析

通过将仪器设备资产信息电子化，信息化系统可以从不同维度、持久地保存仪器设备数据信息，甚至可以保留某一时刻的全部资产信息快照，进而对资产数据进行多角度处理，快速、高效、准确地形成形式多样的资产统计图表。比如：每年末形成基于教育部分类的年末资产统计表，体现本年度仪器设备增减数变化，年初数、年末数等；上报大型仪器设备学年度/年度仪器设备使用情况等相关信息；定期分析各院系、各学科仪器设备存量增量等，这些统计分析数据对于了解现有仪器设备资产分布、规划未来资产配置具有重要作用。统计分析功能同样具有多层级特点，校级可以统计全校的仪器设备资产情况，院系级可以统计本单位仪器设备资产情况，普通用户可以查看自己名下的仪器设备资产情况。

三、结语

综上所述，依托信息化手段对高校仪器设备进行全生命周期管理既是发展要求，也是实践需求。高校应以建立全面、准确、细化、动态的行政事业单位国有资产基础数据库为方向，以提高仪器设备使用效能和管理服务水平为目标[4]，通过完善基础管理制度和流程，明确各业务模块的职责，推进各相关信息系统的建设与对接，充分利用大数据信息支持学校资源配置决策，并在管理实践中不断创新手段和思路，逐步构建符合自身管理实际的仪器设备全生命周期的信息化管理体系，以推动高校仪器设备管理方式由粗放式管理向精细化管理、由数据报表式统计向数据流程化管理、由割裂分散管理到支持学校决策统一

管理的转变[5]。然而，构建完善的高校仪器设备全生命周期的信息化管理体系是一个长期而持久的过程，仍会出现诸多问题，如系统稳定性对业务办理的影响或各部门业务变化对系统可拓展性的要求等，这就需要高校资产管理者不断有规划、有步骤地进行实践和探索，充分发挥仪器设备全生命周期信息化管理体系的功能，合理规避风险点，以更好地为学校建设发展服务[6]。

◎ 参考文献

[1]刘仁霖，钱大益．高校仪器设备信息化管理系统的设计与实现[J]．实验室研究与探索，2015，34(9)：281-284.

[2]朱军．提高高校大型仪器设备使用效益的思考[J]．实验技术与管理，2011，28(7)：205-206.

[3]王晓华．高等学校固定资产清查工作探析[J]．实验室研究与探索，2011，30(8)：118-120.

[4]杨威．提高大型仪器设备的综合管理水平[J]．实验技术与管理，2012，29(2)：200-202.

[5]高惠玲，王海滨，郭万喜，等．高校国有资产管理在放管服背景下的思考与实践[J]．实验技术与管理，2019，36(7).

[6]张海峰，郑旭．高校仪器设备全生命周期信息化管理模式[J]．实验技术与管理，2017，34(5).

高校后勤设备管理问题与对策探析

郑现镇

摘要：后勤设备是高校运营的重要物质基础，其种类繁多且差异显著。这些设备的管理水平和使用效率直接影响到高校后勤服务的质量和师生的生活质量。然而，当前高校后勤设备管理面临着诸多问题，例如设备老化、维护不足、信息化程度不高等，这些问题严重制约了高校后勤的正常运营和发展。为了解决这些问题，本文将探讨高校后勤设备管理存在的主要问题、原因分析以及优化策略等，以期为提升高校后勤设备管理水平提供参考。

关键词：高校后勤；设备管理；问题与对策

随着高等教育事业改革的不断深入，高校越来越注重内涵建设，并且将其放在了更加突出的位置。在这种情况之下，高校后勤设备也在不断地更新和增加。与此同时，设备的复杂性和技术含量也在不断地提高，给设备管理带来了新的挑战。未来，高校之间的竞争将变得更加激烈，面临越来越多的发展压力和挑战。因此，加强高校后勤设备管理变得尤为重要，这是适应新形势下的高校发展需求的重要举措，并且可以为学校的整体发展提供有力的支撑。

一、高校后勤设备管理的意义

高校后勤设备管理在整个高校运营中扮演着至关重要的角色。作为高校后勤服务的重要组成部分，它为师生提供了各种设施和设备管理、物资采购和管理、食堂和住宿管理、校内交通及通勤、校园环卫和绿化等多种服务。这些工作的涵盖面非常广泛，涉及高校运营的各个方面。高校后勤设备不仅是高校运营的重要物质基础，更是后勤服务的重要保障。这些设备对于保障教学和科研活动的正常进行至关重要。同时，它们还承载着维护校园安全和稳定、提高师生工作学习和生活质量、节约资源和保护环境等多种职责。高校后勤设备管理工作的质量和效率直接影响到师生的工作生活和学习环境，影响到整个校园的安全和稳定。因此，加强高校后勤设备管理具有较强的现实意义。

郑现镇，武汉大学后勤服务集团副总经理，事业六级职员。

二、高校后勤设备管理存在的主要问题

(一)设备品类繁多，管理难度巨大

以 W 大学后勤服务集团为例，其所管理的设施设备涉及 1258 个品类，数量高达 37.8 万件。这些设备不仅数量庞大，种类也繁多，包括自卸载重汽车、大型客车等大型设备，以及燃气炉具、油锯、草坪修剪机、鼓风机、喷雾器等各种小型设备。这些设备的性质和用途各异，使用年限也不同，为管理工作带来了极大的挑战。随着设备数量的增加和种类的增多，管理难度不断加大，需要更加精细化和专业化的管理方式来确保设备的正常运行和使用效果。

(二)设备维护保养不足，使用效率下降

许多高校后勤设备在使用过程中缺乏定期的维护保养，导致设备过早出现老化现象，从而影响了它们的使用效率。为了确保设备的正常运转和使用寿命，定期的维护保养是至关重要的。然而，由于缺乏这种及时的维护保养，设备的性能和效率会逐渐降低，甚至会过早报废。此外，缺乏维护保养还可能引发安全事故，对使用人员和周围环境造成潜在风险。

(三)信息化程度低，阻碍设备管理效率提升

部分高校后勤设备管理的信息化程度较低，给设备的管理带来了困难。由于缺乏有效的信息化平台，许多高校后勤设备的信息并未被充分记录和管理，导致设备账实不符、账账不符。这使得设备的使用情况、维修记录、库存情况等信息无法被全面掌握[1]，给设备的调度和维护带来了不必要的麻烦。

三、主要原因分析

(一)管理体制不健全，职责不清

在高校后勤系统中，设备的种类和数量都非常庞大，因此设备的有效管理就显得尤为重要。然而，有些高校在设备管理方面存在职责不清的问题，导致各个部门之间在设备管理方面相互推诿，缺乏协同合作。这种情况使得设备的管理效率变得非常低下，一旦出现设备问题，很难找到具体的责任人，从而无法及时有效地解决问题[2]。

(二)设备管理制度不完善，增加维护成本和管理成本

一些高校在后勤设备的管理方面缺乏完善的管理制度，导致设备的采购和使用缺乏统

一的规划和管理。这种不规范的管理方式使得设备的品类繁多,不仅增加了设备的维护成本和管理成本,还会导致设备的性能下降,使用寿命缩短。同时,由于缺乏科学、规范的操作规程和保养计划,设备的日常使用和保养往往得不到有效的保障,使得设备在使用过程中经常出现故障或损坏[3]。

(三)缺乏专业管理人才,管理效率低下

当前,大部分高校后勤设备管理人员为兼职,他们的技术水平和操作技能普遍不高。由于缺乏专业的培训和教育,这些管理人员往往无法很好地了解设备的原理、性能和使用方法,也无法掌握一些维修和保养的技能。这种情况使得设备的管理效率变得非常低下,一旦出现设备故障或问题,无法及时有效地进行处理。同时,随着高校后勤设备的不断更新换代,新的设备和技术需要管理人员不断学习和掌握。如果管理人员缺乏对这些新技术和设备的了解,就可能无法有效地利用和管理这些设备,更谈不上对设备的更好维修和保养。

(四)信息化管理意识淡薄,投入不足

一些高校后勤设备管理人员缺乏对信息化管理的认识和重视,仍然沿用传统的管理方法和经验。他们可能认为信息化管理只是一种辅助手段,没有意识到信息化管理对于提高管理效率、降低成本、促进资源共享等方面的重要作用[4]。同时,部分高校对于后勤设备管理的信息化投入相对较少,缺乏资金和人力资源的支持。这可能导致设备管理系统的建设滞后,无法满足实际管理的需要。这种情况不仅会影响设备管理的效率和质量,还会阻碍高校后勤服务工作正常开展。

四、优化策略建议

(一)建立健全管理制度

制定全面、完善的管理制度是解决后勤设备管理问题的基石。明确各级职责,确保设备的合理使用和维护。建立规范的操作规程和保养制度,并设立设备档案,以便实现对设备的全面管理和监控。同时,加强对设备的采购、使用、维护和报废等环节的监管和管理,提高设备的使用效率和寿命。

(二)加强资源配置

根据实际需求合理配置后勤设备资源,以避免浪费或不足的情况。制定合理的配置计划,在满足工作需要情况下,尽量减少设备规格与品类。调整现有资源,以提高设备的利用率和满足实际需求。加强部门之间的沟通与协作,实现资源的优化配置和共享,以减少

浪费和提高设备的利用率。

（三）加强维护保养

建立定期的维护保养制度，确保设备的正常运转和使用寿命。采取定期检查、保养和维修等措施，及时发现和处理设备存在的问题，以延长设备的使用寿命。同时加强专业维护人员和维护知识的培训，提高维护保养的水平和效率，做到常用常新，以减少设备的损坏和报废。

（四）提高信息化水平

利用先进的信息化技术实现设备的动态管理和监控，以提高管理效率。通过建立信息化平台和引入先进的管理软件等措施，实现设备的信息化管理和监控，提高管理效率和设备的利用率。同时加强信息技术人员和信息化平台的建设，提高信息化管理的准确性和效率，以减少人工管理带来的误差和浪费。这样能够大大提高管理效率，减少浪费和误差，同时更好地掌握设备的使用情况，及时发现和处理问题。

（五）加强监督和检查

建立有效的监督和检查机制，对设备的管理和使用进行严格的把控。通过定期对设备进行检查、检测和维护，确保设备的正常运转和使用效果。同时对设备的使用和维护情况进行监督和检查，及时发现和纠正违规操作和不良行为，以提高设备的使用效率和安全性。

五、结语

综上所述，高校后勤设备管理是高校运营中的重要环节，对于保障学校的教学、科研和师生生活有着至关重要的作用。然而，当前高校后勤设备管理面临着诸多挑战，如设备老化、维护不足、信息化程度不高等问题，这些问题严重制约了高校后勤的正常运营和发展。为了解决这些问题，本文提出了优化策略和建议，包括建立健全管理制度、加强资源配置、加强维护保养、提高信息化水平以及加强监督和检查等。通过实施这些优化策略，我们可以提升高校后勤设备的管理水平，提高设备的使用效率，降低运行成本，增强学校的综合竞争力。同时，这也有助于提升校园的安全水平，为师生创造更好的学习、工作和生活环境。希望这些策略和建议可以为高校后勤设备管理提供一些有益的参考和启示，推动高校后勤服务的持续改进和发展。

◎ 参考文献

[1]张涛.大数据时代高校后勤系统设备管理的创新与实践[J].中国教育信息化，2019，

18(5)：68-71.

[2]张志军，王小涛，王林．高校后勤设备管理存在的问题及对策研究[J]．科技资讯，2010，8(17)：25-27.

[3]赵丽丽，王小华．基于全生命周期的高校后勤设备维护管理研究[J]．科技与企业，2015(4)：68-72.

[4]李明，王林，张志军．基于云计算的高校后勤设备信息化管理研究．计算机应用与软件，2013(5)：43-48.

以数字化改革赋能大型共享仪器平台的智治管理

叶　雯

摘要：大型共享仪器平台是高校及科研院所开展前沿科学研究的重要支持和技术保障。通过数字化改革推进科研仪器的智治化管理，能有效帮助平台技术人员减少事务管理上的重复投入，增加技术学习和创新，是仪器平台提供高效、高质的设备管理与技术服务的重要手段。

关键词：数字化改革；共享；智治管理

科研设施与仪器是促进科技创新、解决经济社会发展和国家安全重大科技问题的技术基础和重要手段，已成为国家创新驱动发展的助推器，其重要性也日益凸显。2023 年 8 月 1 日，《求是》杂志发表习近平总书记重要文章《加强基础研究　实现高水平科技自立自强》。文章指出，推进建设基础研究高水平支撑平台，强化设施建设事中事后监管，完善设施的全生命周期管理，全面提升开放共享水平和运行效率。

目前很多科研共享平台面临的共性问题是：技术人员少、仪器设备多、指导需求大。科研仪器共享平台采取有效措施建立高效管理体系，扩大共享资源供给，提升技术指导水平，已成为亟待解决的重要方面。本文以武汉大学医学研究院、教育部免疫与代谢前沿科学中心仪器设备共享中心（以下简称共享中心）的数字化管理尝试为例，对共享平台的仪器云端管理、预约刷卡系统、用户培训方案、仪器授权管理、用户数据获取方案等进行探讨，并对建设共享平台的智治体系中存在的问题及解决方案提出建议，为高校、科研院所建设大型仪器共享平台的智治管理提供参考。希望通过我们的摸索与创新，能够与兄弟院校的大型共享平台形成经验互补，互为借鉴。

医学研究院仪器设备共享中心成立于 2016 年，在 2020 年成为国家级重大基础研究平台——教育部前沿科学中心的科研支撑平台，为面向国家战略和人民需求的重大科研研究项目开展过程中起到了关键支撑作用。共享中心现拥有总价值近 1 亿元的大中型仪器设备，为湖北省科研单位、医院、研发企业等提供生物医学领域的技术服务。共享中心秉持服务至上、师生为本的理念，以用户需求为导向、以数字化管理为驱动、以高效智治为目标，进行了系统化改革，全面推进科研共享仪器的智治管理体系建设。中心在管理和技术服务方面受到了用户的认可，在 2018 年、2019 年、2022 年三度荣获学校的大型仪器设备

作者简介：叶雯，武汉大学医学研究院副院长，分管仪器共享平台工作。

考核优秀单位。

用户使用共享中心的仪器，主要流程包括三大板块：咨询预约、培训和仪器使用。咨询预约是前提，培训是保障，仪器使用是我们工作的重心。围绕这三个方面，为使工作流程更加简洁化、服务流程更加人性化，共享中心秉持以生为本、以媒为介，科学规范、换位思考的理念，将仪器信息、管理及培训资料等数字化，线下设备转换为线上资源聚集，提高了中心的服务质量。

一、基于预约系统构建数字化共享服务流程

共享中心自建设初期就引入了安徽鹏德信息科技有限公司提供的"大型仪器开放实验管理系统"，中心有 61 台设备录入该系统，注册用户数量 1980 个，服务课题组 164 个。管理员和用户可以在管理系统界面中进行设备查看、设备预约、机时统计等操作。但预约系统仅能对授权用户开放，未授权用户需要通过实地咨询了解仪器信息，多次跑腿解决申请单递交及考核等步骤才能获得授权使用中心的设备。为使用户更加便捷迅速地了解中心仪器现状，选择合适的设备开展科研工作，共享中心基于鹏德预约系统做了一些尝试，比如：

（1）建设共享中心官网，并将中心网页与武汉大学的信息门户关联。用户无须搜索中心网址，而是可以直接通过信息门户获取所有仪器信息。

（2）及时优化官网和预约系统上的仪器信息，做到信息分门别类，一目了然，方便查找。使用户快速清晰获取到简单明了的新用户指南、公开透明的收费标准、详细准确的仪器信息。优化后，新用户仅需登录官网和办事大厅，即可完成了解设备-选择设备-申请授权的操作，极大地便捷了用户。

（3）共享中心依托大学的信息门户，设计上线了"用户办事大厅"。用户只需在网上办事大厅提交新用户申请，等待账户激活，即可开始学习或预约仪器。大大减少了跑腿次数，节约了时间精力。

二、建立多元化培训方式，使学生迅速掌握仪器使用技巧

仪器培训是正确使用仪器的保障，为克服传统培训周期长、效果不理想的缺陷，中心同时推进线下和线上多元化培训模式，实现时间灵活的自主学习，入室及操作考核通过率高见图1、图2。技术人员和学生有更多时间精力专注于高阶技术交流探讨。

（一）线下培训

线下培训包括入室培训和专业培训两大块。入室培训主要讲解实验室安全和规章制度，专业培训则根据不同仪器进行理论和操作培训。

(1)时间灵活的线上学习&考核   (2)理论培训+上机实操+电子资料回顾

图 1   共享中心建立的多元化培训模式

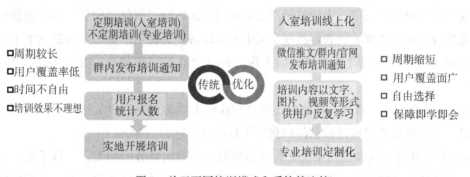

图 2   关于不同培训模式和系统的比较

(二)线上培训

通过优化，中心将入室培训线上化，专业培训定制化，缩短了培训周期，服务更人性化。新用户可以通过参加理论培训、上机操作及电子资料回顾，快速掌握设备操作技巧，培训形成自主学习为主，避免反复询问，用户反响非常好，尤其对距离较远的外单位用户是较好的选择。

(三)专题讲座

为进一步促进研究生对高精尖科研设备的了解，提高科研创新能力，中心还策划了"科研仪器研究生微讲坛"活动。活动以沙龙形式展开，每月定期举行一次。围绕不同仪器设备，邀请同学们分享实验操作技巧或技术工具创新等内容，激发新思路、萌发新观点、启发新思维。活动为同学们搭建了一个持续的科研仪器交流互助平台，营造互促共进的良好科研氛围。

三、推行线上指导反馈，提升设备共享效能

仪器使用是我中心工作的重点，也是用户个体差异最大的地方。中心根据用户需求，不断优化管理方法。

(一)建立智能化保障体系

1. 改善门禁预约系统

中心建立了门禁系统，并与预约系统的用户授权相关联。用户通过自己的校园卡就能同时解决门禁和仪器开关机两件事。中心所有设备纳入网络开放预约系统，用户可随时查看设备预约使用情况，自主预约期望上机时间。到达约定时间，用户在仪器端刷卡上机使用，无需其他报备。

2. 建立数据传输方案

针对科研实验数据量大的现象，中心建立数据存储工作站，搭建仪器数据远程传递系统。用户只需一键长传到数据网盘，即可在各自实验室电脑端下载数据。大型设备尤其是光学成像类的实验数据量较大，通过数据存储工作站进行传输既避免了数据拷贝对设备软件系统可能造成的侵害，又大大减少了学生占用设备资源拷贝数据的时间，减少了设备故障率，增加了设备使用率。优化后，学生使用仪器时间上更自由，实验数据下载更安全便捷(见图3)。

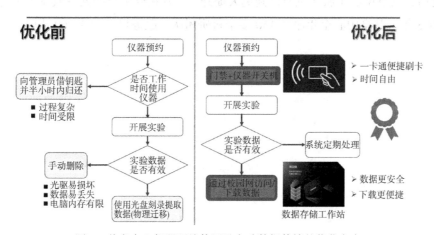

图3 共享中心仪器预约使用及实验数据传输的优化方案

(二)丰富线上资源，开展线上指导

共享中心数字资源丰富，通过搭建数据资源库、线上指导等方式推进智治管理。
(1)技术人员将所有设备的使用说明、操作方法录制成短视频，上线设备工作网。师

生可随时查看设备教授视频，自主熟悉使用方法，避免反复询问。提高了使用效率，用户反响好。

（2）设备使用后是否还原到使用前状态，是设备管理中一个关键的检查环节，对保障安全和正常运行至关重要。为此中心开创了线上管理设备使用过程的方法，针对每台设备建立工作群，用户使用后录制设备状态视频上传，技术人员在非工作时间也能通过工作群及时知晓设备情况，解答使用问题。避免了实验后处理不当的情况，规范管理，延长设备使用寿命。实现了 24H/7D 全时技术服务指导，提质增效明显。

（三）建立师生一站式服务平台

如何正确选择合适的仪器，如何进行较为前沿的实验，学生一头雾水，试错成本高。中心技术员通过不断提高自身的业务水平，学习生物医学前沿理论，掌握生命科学前沿技术，协助用户设计实验方案，并创造性地提供高水平技术支撑。针对教授，采取集中预采实验室通用设备的方法，为引进人才提供采购专项服务，人才到岗后设备就已到位，可以迅速开展工作。针对使用设备，将所有的工作都制作了简单优化的流程图，新用户能非常方便快捷地通过流程图开启使用过程，其中耗费的人力也大大减少。针对学生，响应他们在不同研究方向的需求，提供定制化全程化的技术服务，为学生解决技术难题协助推进科研进展。

通过数字化改革的系列尝试，中心大大缩短了管理时间，减少了技术人员在事务性工作上的投入。使得技术人员能够拥有一定的时间和精力专注于创新技术服务，提升技术能力。优化后，共享中心年服务机时得到更大提升，尤其在外单位的共享效率方面有一定的提升。2023 年，共享中心全年服务 150 多个科研团队，服务机时约 35000 小时。

高校大型仪器设备开放共享平台存在的问题及对策

仲 秋

摘要：高校大型仪器设备开放共享是开展教学、科研和社会服务的重要基础，是推动科技创新、促进人才培养的有力举措。大型仪器设备开放共享是国家发展共享经济的一项重要内容，已成为各级政府和高校共同关注的问题。结合武汉大学科研公共服务共享平台开放共享的实践经验，围绕大型仪器开放共享过程中存在的问题，探讨了推广开放共享理念、加强实验技术队伍建设和强化信息化平台稳定性等方面的改进措施。

关键词：大型仪器设备；共享平台；开放共享；高校

大型尖端仪器设备是开展科研、教学和社会服务的重要基础，其运行管理对于提高学校的整体实力和科研水平具有重要意义[1][2][3][4]。为响应习近平总书记号召，加快建设科技强国，更好地实现高水平科技自立自强，越来越多高校将大型尖端仪器设备采取集中管理，充分共享的模式运行，大型科研仪器共享平台一方面有利于推动我国科技资源的优化配置和可持续发展。通过集中管理和充分共享，平台可以避免仪器的重复购买和浪费，提高仪器的使用效率和寿命，同时可以为我国科技事业的可持续发展提供支持和保障。另一方面有助于推动科技创新和跨学科合作[5][6][7][8]。通过集中管理和充分共享，平台能够将不同学科的科研人员聚集在一起，促进他们之间的合作与交流，推动跨学科的科研创新。

为进一步规范高校大型仪器设备管理，切实推进大型仪器设备开放共享，提高管理水平与使用效益，国家出台了《国务院关于国家重大科研基础设施和大型科研仪器向社会开放的意见》（国发〔2014〕70号）、《教育部直属高等学校国有资产管理暂行办法》（教财〔2012〕6号）、《教育部办公厅关于加强高等学校科研基础设施和科研仪器开放共享的指导意见》（教技厅〔2015〕4号）、《国家重大科研基础设施和大型科研仪器开放共享管理办法》（国科发基〔2017〕289号）等一系列文件，用以规范大型仪器共享，提高科研效率，促进科技创新、提升国际竞争力、推动可持续发展，为高校科研事业和人才培养保驾护航。

但是，在推行大型科研仪器开放共享方面，仍存在着一些阻碍因素，如何促进了科研工作者观念的转变，形成大型设备集约、共享，做大做强开放平台和集成体系，支撑有组织科研活动的共识是各高校大型科研仪器共享平台的基本目标。

作者简介：仲秋，武汉大学科研公共服务条件平台，中级职称。

一、我校大型尖端仪器设备共享平台现状

为贯彻党的教育方针，积极回应加快推进高等教育高质量发展的时代要求，深入推进高质量内涵式发展，武汉大学于 2019 年 3 月成立科研公共服务条件平台，为学校直属的独立运行的条件保障类科研支撑基地。在学校领导前瞻性战略决策下，在各职能部门的配合下，实现了跨越式发展。平台目前拥有高水平的实验技术人员 30 多人；实验建筑面积 1 万多平方米；50 多台套设备已经运行，总价约 3 亿元，另有超过 2 亿元的设备即将到位。作为武汉大学直属的科研支撑基地，平台是学校科技创新体系支撑的重要组成部分。平台采取全开放制运行，仪器设备充分共享，全天候运行，为高水平基础科学研究提供了巨大助力和支撑。

平台实行管理委员会领导下的平台主任负责制，由校领导担任管理委员会主任、副主任，负责对平台建设和发展中的重大事项进行决策；设置了专家技术委员会，由相关科学领域的专家学者组成，负责对平台仪器设备、质量体系进行论证等；设置了顾问委员会，由国内兄弟高校相关学科领域的专家学者组成，负责对平台建设和发展进行指导。平台内设两个办公室，负责综合事务和业务运行，对平台的顺利运行进行支撑保障。平台还拥有一支高水平的专业技术队伍，现有教职工 33 人，其中拥有正高职称 7 人，拥有副高职称 10 人，23 人具有博士学位。

学校按照"统筹规划、分类建设，开放服务、资源共享，制度推动、奖惩结合"的原则开展大型仪器设备管理和开放共享工作。自 2019 年平台成立以来，学校相继出台《关于印发武汉大学大型仪器设备开放共享收费管理办法的通知》(武大设字〔2021〕2 号)、《关于印发武汉大学大型仪器设备管理与开放共享实施办法通知》(武大设字〔2022〕7 号)等文件，规定除涉密等特殊要求以外，其他用于教学、科研且具有一定共性需求的科研设施与大型仪器设备，单台套价值为 50 万元及以上的，均应对外开放共享。

截至目前，武汉大学科研公共服务条件平台服务了学校和物质科学相关的 26 个学院和多家校外机构，包括多个院士团队在内的 1166 个课题组、3529 位成员，完成样品测试 51728 个，支撑了一批高水平科研成果，其中包括邓鹤翔教授、付磊教授、柯维俊、方国家教授团队发表在自然上面的最新成果。

二、仍存在的问题

(一)大型仪器设备开放共享观念普及不理想

一些科研人员和学生对大型共享平台所拥有仪器设备的功能和作用可能不够了解，这可能导致他们缺乏使用这些设备的意愿。此外，一些机构或部门可能更关注自身的利益和

需求，根据自己的需求购买大型仪器便于自己使用而不愿意进行共享，对大型仪器设备的开放共享持保守态度，这也可能阻碍开放共享观念的普及[9]。观念的转变和意识的提升是推进大型仪器开放共享工作的关键因素之一。

(二) 实验专技队伍建设相对滞后

大型尖端仪器设备功能强大、结构复杂、操作难度大，其使用和运行维护需要具有一批了解最新前沿科研技术、服务意识好、认真负责的实验技术人员[10][11][12]。但在高校内，实验专技人员的晋升通道相较于教师系列而言存在一些差异和挑战，导致实验技术队伍的建设滞后。另外，实验技术人员的培养和发展机制不完善，实验技术人员需要不断学习和更新知识，以提高实验技能和管理能力。如果缺乏有效的培养和发展机制，实验技术队伍的水平将无法得到提升。实验技术人员的激励机制也有待改进，实验技术人员的工作复杂且繁重，但是如果没有合理的激励机制，可能会影响他们的工作积极性和投入程度。

(三) 信息化平台管理水平有待提高

大型仪器设备开放共享网络预约平台需要具备稳定可靠的性能，以便能够处理大量的用户请求和数据。如果平台出现故障或崩溃，将导致用户无法正常预约和使用仪器设备，影响平台的正常运行。大型仪器设备开放共享网络预约平台应该具有易于操作的各类系统和用户界面，以便用户能够及时、方便地访问和使用仪器设备。如果用户界面过于复杂或难以操作，将导致用户使用体验不佳，影响预约平台的正常使用。

三、意见建议

(一) 加大宣传力度，推行大型仪器开放共享理念

一方面加强各类渠道宣传工作，利用学校网站、公众号等网络平台，发布关于各类大型仪器设备的最新运行情况以及支撑成果[13]，以便更多的科研人员了解和关注平台所拥有大型仪器设备；组织业务交流、专家讲座、行业协会、厂商宣讲等专题宣传活动，通过各类互动交流，让科研工作者了解平台尖端仪器设备的优势和应用场景。

另一方面，作为高校的公共服务平台，还要支撑高校立德树人，协力推进"三全育人"。除了提供研究生科研创新的载体功能以外，还应主动承担学校本科生课程实践教学、研究生实验课程教学以及科普等工作，通过不同层次的教学科普工作，培养他们的科学素养和科学精神，从源头上培养大型仪器开放共享理念[14]。

(二) 完善考核机制，注重实验技术队伍建设

一方面制定考核标准和流程，对实验技术队伍的服务效应进行全面、客观的评估。从

服务机时、服务态度、产出的支撑成果等方面，同时结合实际工作需求，对不同岗位的实验技术人员进行差异化考核。针对不同机组不同仪器特性，明确相应的考核指标和权重，确保考核结果能够真实反映实验技术人员的实际工作表现和价值。引入服务对象评价、专家评价、职能部门意见等多元化评价方式，以便更全面地了解实验技术人员的表现和贡献。另一方面加强技术培训和业务交流，为实验技术人员提供各种培训和学术交流机会，如参加相关领域的研讨会、论坛、学术会议等，以便他们能够了解最新的实验技术和研究成果，拓宽视野和思路。支持实验技术人员参加相关行业的展会，以便他们能够了解最新的实验仪器和设备，掌握行业发展趋势和动态。鼓励实验技术人员参加各种技术研讨会，与其他实验技术人员交流心得和经验，分享新思想、新技术、新方法，激发创新热情，加强协作、深化联合攻关。

（三）加强信息化建设，维护共享网络平台稳定性

利用高性能的技术和设备，加强平台预约系统的稳定性和可靠性，确保服务对象能够正常预约和使用仪器设备。优化用户界面，采用易于操作和使用的用户界面设计，利用多渠道系统，提高用户使用的便携度和易操作性。明确预约规则和流程，提供清晰的使用指南和说明，以便用户能够正确进行预约和使用。

四、结语

高校大型尖端仪器设备共享平台肩负着科研攻关、教学实验、人才培养等使命，是集成创新、支撑有组织科研活动的创举，万事开头难，需要平台团队和科学家一起进一步转变观念、开阔眼界，探索平台运行自身规律，优化平台运行管理，加强对仪器专家的重视程度，加大技术队伍引育力度，针对不同群体和多样化诉求，合理优化技术人员操作、辅助操作和自主上机等不同层次的运行架构，实现平台仪器的最优化使用。促使全校形成大型科研设备共享、集成、高效使用共识，开创学校科技创新新天地，实现大人才、大平台、大团队、大项目，促进大成果、原创性成果的产出，积极支撑学校有组织科研，满足国家重大战略需求，助力原始创新和教育科研经济高速高质量发展。

◎ 参考文献

[1]李春梅，何洪，程南璞.高校大型仪器设备共享管理模式和运行机制探讨[J].西南师范大学学报(自然科学版)，2018，43(2)：83-88.

[2]陶冬冰，梁莎莎，张旋，等.虚拟仿真技术在高校大型仪器共享平台管理中的应用研究[J].实验技术与管理，2020，37(4)：257-260.

[3]王森，余建潮，汪进前，等.基于全程管理模式的大型仪器设备管理研究与实践[J].

实验技术与管理，2012，29（1）：198-201.

［4］韩长杰，张静，郭辉．高校大型仪器设备使用管理模式探讨［J］．实验室研究与探索，2018，37（3）：286-288.

［5］王文君，胡美琴，付庆玖，等．高校大型仪器设备开放共享的探索与实践［J］．实验技术与管理，2021，38（1）：231-238.

［6］王文君，胡美琴，付庆玖，等．"共享经济"视域下高校大型仪器设备市场化运营模式探究［J］．实验技术与管理，2020，37（4）：253-256.

［7］谷文媛，朱臻，曹莹方．大型仪器设备共享管理与服务信息化建设的思考与实践［J］．实验室研究与探索，2021，40（6）：272-275.

［8］吴冠仪．科教融合视角下高校大型仪器设备全生命周期管理［J］．实验室研究与探索，2021，40（4）：280-283.

［9］周宇峰，唐伟靖，程莹莹，等．高校大型仪器设备共享模式下维护管理［J］．实验室科学，2023，26（2）：168-173.

［10］袁艺青，蒋兴浩，李霞．高校实验技术队伍发展现状研究［J］．实验室研究与探索，2021，40（3）：264-267.

［11］金翊．高校项目制实验技术队伍建设的探索与实践［J］．实验技术与管理，2021，38（1）：251-254.

［12］史作安，郭建敏，王超．强化实验技术队伍作用提高实验中心投资效益［J］．实验室科学，2014，17（1）：140-145.

［13］蒋李．高校大型仪器设备开放共享存在的问题及其对策研究［J］．中国资源综合利用，2021，39（12）：70-71.

［14］沈涛，陈璐，何邦进，等．数字驱动下高校提升大型仪器设备利用率的实践［J］．实验室研究与探索，2023，42（3）：295-303.